职业教育机电类专业"十四五"系列教材

电气控制技术应用与实训

主　编 ◎ 孟美丽　　司志敏　　魏琰晨
参　编 ◎ 牛红涛　　庞振鹏

西南交通大学出版社
·成　都·

图书在版编目（CIP）数据

电气控制技术应用与实训 / 孟美丽，司志敏，魏琰晨主编. -- 成都：西南交通大学出版社，2024.10.
ISBN 978-7-5774-0118-8

Ⅰ. TM921.5

中国国家版本馆 CIP 数据核字第 20243MY246 号

Dianqi Kongzhi Jishu Yingyong yu Shixun
电气控制技术应用与实训

孟美丽　　司志敏　　魏琰晨　主编

策划编辑	黄庆斌
责任编辑	雷　勇
封面设计	GT 工作室

出版发行	西南交通大学出版社 （四川省成都市金牛区二环路北一段 111 号 西南交通大学创新大厦 21 楼）
邮政编码	610031
营销部电话	028-87600564　028-87600533
网址	http://www.xnjdcbs.com
印刷	四川玖艺呈现印刷有限公司

成品尺寸	185 mm×260 mm
印张	14.25
字数	384 千
版次	2024 年 10 月第 1 版
印次	2024 年 10 月第 1 次
定价	45.00 元
书号	ISBN 978-7-5774-0118-8

图书如有印装质量问题　本社负责退换
版权所有　盗版必究　举报电话：028-87600562

本书是按照国家对教材资源的活页式推广要求并结合中职学生的学习特点以及人才需求单位的意见进行编写的，可作为中职机电技术应用、工业机器人、电气运行与控制及相关专业"电气控制技术"课程的技能实训教材，也可作为初级、中级维修电工考证的参考培训教材。

本书以工作任务展开实训过程，强调学生主动参与、教师指导引领，实现教、学、做一体化的教学模式。在设计实训内容时注重学生实践能力和应用能力的培养，体现了中职院校实训课程的特色。本书内容分为4个项目：项目一为常用低压电器的检测与使用；项目二为三相电动机基本电路的安装与调试；项目三为典型机床电气电路的故障检修；项目四为低压电气控制柜的安装与调试。本教材对各个任务的考核量化指标进行了细化和完善，使教材内容叙述清楚、通俗易懂，更加贴近生产实践活动。

本书在内容的组织与安排上有以下特点：

（1）基于工作任务的思路编排实训项目，实训内容具有可操作性。

每个实训项目中包含若干个实训任务，以实训内容为中心，从实训目标、实训内容、实训指导到技能训练与成绩评定等环节展开实训过程，使学生在完成实训任务的过程中掌握专业技能。实训内容和考核标准与电工职业技能鉴定接轨，符合"1+X"的课证融通式评价体系。在每个实训任务最后安排相关思考题，便于学生理论联系实际，更好地巩固所学的电气专业知识。

（2）工匠精神、企业规范的融入有助于培养学生职业岗位能力。

将电气安全操作规范、诚实守信、团队合作、精益求精、劳动教育和7S管理等内容贯穿实训过程，引导学生树立互相帮助、团队协作、乐业敬业的工作作风，在巩固和加深专业知识的同时培养学生敬业、精益、专注、创新的工匠精神和正确的劳动观，将职业素养和职业态度的培养融入实训过程。

本书由河南省商务中等职业学校的孟美丽、司志敏和魏琰晨担任主编，牛红涛、庞振鹏参加编写；其中项目一及其对应附录由魏琰晨编写；项目二及其对应附录由司志敏编写；项目三和项目四及其对应附录由孟美丽编写；全书由孟美丽负责统稿工作。

由于编者水平有限，书中难免存在不足之处，敬请广大读者批评指正。

编　者

2024年6月

目 录 CONTENTS

项目一 常用低压电器的检测与使用 ··· 001
- 任务 1.1 低压断路器的拆装与检修 ··· 002
- 任务 1.2 熔断器的拆装与检修 ··· 008
- 任务 1.3 交流接触器的拆装与检修 ··· 013
- 任务 1.4 热继电器的拆装与检修 ··· 018
- 任务 1.5 时间继电器的拆装与检修 ··· 024
- 任务 1.6 主令电器的拆装与检修 ··· 030
- 任务 1.7 变压器的拆装与检修 ··· 036
- 任务 1.8 电动机的拆装与接线 ··· 041

项目二 三相电动机基本电路的安装与调试 ··· 046
- 任务 2.1 电气控制系统图纸的识读 ··· 047
- 任务 2.2 电动机点动控制电路的安装与调试 ··· 055
- 任务 2.3 电动机长动控制电路的安装与调试 ··· 063
- 任务 2.4 电动机正反转控制电路的安装与调试 ··· 074
- 任务 2.5 电动机降压起动控制电路的安装与调试 ··· 084
- 任务 2.6 双速电动机控制电路的安装与调试 ··· 094
- 任务 2.7 电动机多地控制电路的安装与调试 ··· 104
- 任务 2.8 电动机顺序控制电路的安装与调试 ··· 111
- 任务 2.9 电动机制动控制电路的安装与调试 ··· 119

项目三 典型机床电气电路的故障检修 ··· 128
- 任务 3.1 CA6140 型卧式车床电气电路的故障检修 ··· 129
- 任务 3.2 X62W 型万能卧式铣床电气电路的故障检修 ··· 140
- 任务 3.3 Z3050 摇臂钻床电气电路的故障检修 ··· 151

项目四 低压电气控制柜的安装与调试 ··· 159
任务 4.1 工作台自动往返控制电路安装与调试 ··· 160
任务 4.2 传送带送料机构控制柜的安装与调试 ··· 171
任务 4.3 机床电气控制柜电路的安装与调试 ··· 182

附 录 ··· 194
附录 1 机电设备管理与维护岗位职责 ··· 194
附录 2 电工作业安全操作规程 ··· 195
附录 3 低压电器的常见故障和维修方法 ··· 198
附录 4 常用电气符号 ··· 202
附录 5 试题 ··· 205
附录 6 试卷 ··· 207
附录 7 一套成熟的设计义件 ··· 215
附录 8 X62W 型万能铣床电路图 ··· 221

参考文献 ··· 222

项目一
常用低压电器的检测与使用

项目描述

低压电器是指工作在交流电压 1 200 V 及以下和直流电压 1 500 V 及以下的电路中起通断、保护、控制或调节作用的电器。本项目能够使学生更好地掌握低压电器的安装规范,避免作业安全风险。

项目任务

(1)掌握低压电器的结构及工作原理。
(2)掌握低压电器的拆装技巧。
(3)掌握低压电器的功能。
(4)掌握低压电气的检测、维修。

项目目标

1. 知识目标

(1)熟悉常用低压电器的结构、工作原理、型号规格、使用方法。
(2)熟悉常用低压电器在控制电路中的作用。
(3)能熟练分析低压电器的实际控制电路。

2. 能力目标

(1)能够利用工具检测电气元件。
(2)能够分析电动机控制电路。

3. 素质目标

(1)培养电动机控制电路分析能力。
(2)掌握低压电器的拆装与使用方法。
(3)形成逻辑清晰的工作思路和良好的学习兴趣。
(4)养成将所学知识应用于实际的习惯。

任务 1.1 低压断路器的拆装与检修

任务描述

低压断路器是电力系统的重要设备之一,能够控制电路的通断,保护电路设备免受过流、短路等故障的损害。在电力系统中,低压断路器的应用非常广泛,因此对其进行正确的拆装与检修非常重要。本任务介绍了低压断路器的安装、调试、拆装和检修,可能帮助大家更好地理解并掌握这些技能。

任务目标

(1)掌握低压断路器的结构和工作原理。
(2)学习低压断路器的安装、调试、拆装。
(3)掌握低压断路器的检修技能,包括外观检查、触点检查、弹簧检查等。
(4)提高实际操作能力和解决问题的能力。

任务准备

一、组合开关的结构原理

组合开关是一种刀开关,又称转换开关,主要用作电源的引入开关。与普通刀开关不同的是,组合开关的刀片是旋转式的,比刀开关轻巧,是一种多触点、多位置、可控制多个回路的电器。

组合开关由动触点、静触点、转轴、手柄、定位机构及外壳等部分组成。根据动触片和静触片的不同组合,组合开关有多种接线方式。

二、低压断路器的工作原理

低压断路器作为一种电路电源开关,具有短路、过载、失压及漏电等保护功能。当线路发生短路或严重过电流时,若短路电流超过瞬时脱扣电流整定值,低压断路器的电磁脱扣器会迅速产生强大的吸力,将衔铁吸合并撞击杠杆,使搭钩绕转轴座向上转动并使锁扣脱开,锁扣在压力弹簧的作用下将主触点分断,切断电源。DZ5 系列低压断路器如图 1-1-1 所示。

三、低压断路器的检测

低压断路器的检测事项主要包括:
(1)进行外观检测。检查接线螺钉是否齐全,操作机构是否灵活、无阻滞,动、静触点应分合迅速、松紧一致。

(2)利用万用表电阻挡测试各组触点是否全部接通,若发现未接通则说明开关已损坏。

(3)当低压断路器闭合时,各触点应全部接通,用万用表测量时则测得的电阻值应该接近零;当低压断路器断开时,各触点全部断开,用万用表测量时则测得的电阻值应该无穷大。

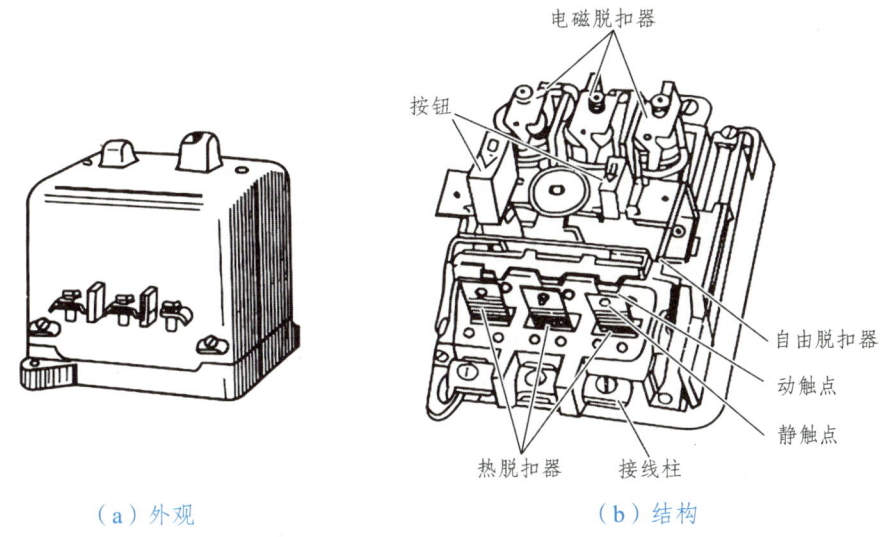

(a)外观　　　　　　　　　　　(b)结构

图 1-1-1　DZ5 系列低压断路器

任务实施

在教师的指导下,学生分组进行低压断路器的拆卸与安装操作。学生应按照规定的拆卸步骤和方法,正确使用拆卸工具和材料,逐步拆卸断路器各部件并对其外观进行检查。组装断路器时,学生按照规定的与拆卸过程相反的步骤进行操作,确保断路器安装正确并保证断路器正常运行。

一、低压断路器的拆装

在拆卸和组装低压断路器时,将其主要零部件名称和作用记入表 1-1-1 中。操作低压断路器时,利用万用表电阻挡测量各对触点之间的接触电阻,利用兆欧表测量每两相触点之间的绝缘电阻,将各相触点间的接触电阻、绝缘电阻测量值记入表 1-1-1 中。

表 1-1-1　低压断路器的基本结构与测量记录

型　　号	极　　数					主要零部件	
						名称	作用
分闸时触点的接触电阻			合闸时触点的接触电阻				
L1 相	L2 相	L3 相	L1 相	L2 相	L3 相		
相间绝缘电阻							
L1-L2		L2-L3		L3-L1			

二、低压断路器的检修

在拆卸过程中,学生需要对断路器的触点、弹簧等关键部位进行检查,发现问题及时进行处理或更换。同时,学生需要检查断路器的操作机构是否灵活、正常,对其相关部件进行检查和调整。通过检修操作,学生能够更好地了解低压断路器的工作原理和内部结构,提高其维护和检修技能。低压断路器检修过程中的注意事项主要包括:

(1)检查断路器的外观是否完好,有无损坏或烧蚀现象。
(2)检查断路器的触点是否磨损或烧蚀,必要时进行更换。
(3)检查断路器的弹簧是否完好,有无变形或断裂现象。
(4)检查断路器的操作机构是否灵活,有无卡滞或变形现象。
(5)检查断路器的温度是否正常,有无过热现象。

低压断路器的检修可参照"附录3 低压电器的常见故障和维修方法"。

三、低压断路器的安装要求

低压断路器在安装过程中的安装要求主要包括:

(1)低压断路器的型号、规格应符合设计要求。
(2)低压断路器安装应符合产品技术文件以及施工验收规范的规定。低压断路器宜垂直安装,其倾斜度不应大于5°。
(3)低压断路器与熔断器配合使用时,熔断器应安装在电源一侧。

四、低压断路器安装调试

低压断路器在安装调试过程中的注意事项主要包括:

(1)安装在受振动处时应有减震装置,以防止开关的内部零件松动。
(2)常规应垂直安装,灭弧室应位于上部。

五、低压断路器操作机构安装调试要求

低压断路器操作机构的安装调试要求主要包括:

(1)操作手柄或传动杠杆的开、合位置应正确,且操作灵活、动作准确,操作力不应大于允许工作力值。
(2)触头在闭合、断开过程中,可动部分与灭弧室的零件不应有卡阻现象。
(3)触头接触应紧密可靠,接触电阻小。
(4)运行前和运行中应确保断路器洁净,防止开关触头点发热,以防止不能灭弧而引起相间短路。

六、7S管理

任务完成后拆除连线,整理工位,操作者负责清理工作区域卫生。

技能评定

依据表 1-1-2 所示的评分标准进行技能评定。

表 1-1-2 评分标准表

项目内容	配分	评分标准	扣分
基础知识	30	（1）指出各部位名称，错误一次扣 5 分。 （2）选择合适的工具，错误一次扣 5~15 分。	
拆装与检修	70	（1）逐步拆除元器件、各部件并进行外观检查，错误一次扣 5 分。 （2）型号、规格符合设计要求，错误一次扣 5 分。 （3）检测元器件零件的方法不正确扣 20 分。 （4）不能排除元器件故障点，一个没排除的故障点扣 30 分。 （5）产生新的故障点，每个新故障点扣 40 分。 （6）损坏元器件零件，每损坏一只扣 20~40 分。 （7）安装与检修后通电，元器件无法实现功能，扣 50 分	
安全文明生产		违反安全文明生产规程，扣 10~70 分	
定额时间		训练时间为 30 min。训练不允许超时，修复故障允许超时。训练每超时 5 min（不足 5 min 以 5 min 计）扣 5 分	
备注		除定额时间外，各项内容的最高扣分不得超过配分数	成绩
开始时间		结束时间	实际时间

总结与评价

总结与评价的内容主要包括：
（1）总结本任务的主要知识点和技能，评价学生在任务实施过程中的表现。
（2）讨论实训中元器件拆装和检修操作存在的问题与注意事项。
（3）填写表 1-1-3 所示的工作评价表相关内容。

表 1-1-3 工作评价表

项目	评价内容	考核指标	分值	自评	互评	师评
一、职业能力（70 分）						
任务实施过程	明确工作任务	清楚工作任务内容	2			
		制订工作计划详细、可行	2			
		分工明确、合理	2			
	工作准备	工具、材料和仪表准备正确	4			
		具备相关的专业知识	10			
		工作原理图识读正确	10			

续表

项目	评价内容	考核指标	分值	自评	互评	师评
任务实施过程	任务执行过程	执行元件拆装与检修，检修方法正确	2			
		工具、设备完好	2			
		安全作业、文明生产	2			
		创新能力和解决问题能力	4			
任务成果质量	安装工艺	元器件拆装规范、美观、质量好	10			
	电路功能	元器件功能实现	20			
二、个人素养（30分）						
遵守纪律	遵守课堂纪律	迟到扣2分、早退扣2分	5			
	遵守实训车间的规章制度	优秀、基本达标、不合格	5			
学习态度	认真完成学习任务	优秀、基本达标、不合格	5			
	工作精益求精、严谨求实	优秀、基本达标、不合格	5			
团队和创新精神	良好沟通、团队合作	优秀、基本达标、不合格	5			
	积极思考、敢于创新	优秀、基本达标、不合格	5			
总分			100			

教师签名：

分析与思考

一、简述低压断路器的主要结构和各部件作用。

_____
_____
_____
_____
_____
_____
_____

二、本任务所用低压断路器有哪些保护功能?

任务 1.2　熔断器的拆装与检修

任务描述

熔断器的拆装与检修是电气维护工作中非常重要的一环。熔断器作为电路中的安全保护元件，电路出现异常时能够迅速切断电流、保护电路设备不受损害。因此，正确地拆装与检修熔断器有助于保证电路的安全运行。

本任务介绍熔断器的拆装与检修步骤和方法，帮助大家更好地理解并掌握这项技能，了解熔断器的结构、工作原理及性能参数，掌握熔断器的拆装技巧和检修方法，提高在实际操作中的安全意识和技术水平。

任务目标

（1）掌握熔断器的结构和工作原理。
（2）掌握熔断器的拆装、检查、安装。
（3）掌握熔断器的检修技能，包括外观检查、熔断体检查等。
（4）提高实际操作能力和解决问题的能力。

任务准备

一、插入式熔断器的检测

（一）功能检测

打开插入式熔断器的瓷盖，观察动触点和静触点的螺钉是否齐全、牢固，熔体选择是否合适；合上瓷盖，利用万用表电阻挡测试熔断器的输入端与输出端是否接通，若没有接通则说明熔断器已损坏。

合上插入式熔断器的瓷盖，熔断器的输入端和输出端应接通；打开瓷盖，输入端和输出端应断开。

（二）外观检测

插入式熔断器的动触点和静触点的螺钉应齐全、牢固，熔体选择合适，瓷盖闭合后应牢固，不易脱落。

二、螺旋式熔断器的检测

旋开螺旋式熔断器的瓷帽，观察熔体、进线端螺钉、出线端螺钉是否齐全、牢固；然后旋上瓷帽，利用万用表电阻挡测量熔断器的输入端和输出端是否接通，若没有接通则说明熔断器已损坏。

旋上螺旋式熔断器的瓷帽，熔断器的输入端和输出端应接通；旋开瓷帽，熔断器的输入端和输出端应断开。瓷帽旋紧后牢固，不易脱落。

任务实施

在教师的指导下，学生分组进行熔断器的拆卸操作。学生按照规定的步骤和方法，正确使用拆卸工具和材料，逐步拆卸熔断器各部件并对其外观进行检查。拆卸过程中，要特别注意安全，避免因操作不当导致人员受伤或设备损坏。

安装熔断器时，学生按照与拆卸熔断器相反的步骤进行操作，确保熔断器正确安装并能够正常工作。安装过程中要保证各部件的紧固，防止出现松动或脱落现象。同时，要确保熔断器的接触良好，避免出现接触不良引起的发热或电弧现象。

一、熔断器的拆装

熔断器的拆装过程主要包括：
（1）在拆卸熔断器之前，必须先关闭电源，以避免发生触电事故。
（2）使用合适的拆卸工具如螺丝刀或钳子，将熔断器从电路板上拔出。
（3）在拆卸过程中，注意不要损坏电路板和熔断器。

二、熔断器的检查

拆卸后，要检查熔断器的外观，查看是否有烧焦、变色、松动等情况。同时，要检查熔断器的触点是否干净、有无氧化或污垢。如果发现异常，需要进行清洁或更换。

拆卸插入式熔断器、螺旋式熔断器时将熔断器内部主要零部件的名称和作用记入表 1-2-1。利用万用表电阻挡测量熔断器的输入端与输出端之间的接触电阻，将测量结果记入表 1-2-1。

表 1-2-1 熔断器的拆卸、装配和测量记录

插入式熔断器型号	螺旋式熔断器型号	拆卸步骤（螺旋式熔断器）	主要零部件（螺旋式熔断器）	
			名称	作用
取下瓷盖（不装熔体）				
输入端和输出端之间的间接触电阻	输入端和输出端之间的接触电阻			
装上瓷盖（装上熔体）				
输入端和输出端之间的间接触电阻	输入端和输出端之间的接触电阻			

三、熔断器的安装

安装熔断器时,要确保熔断器与电路板接触良好,没有偏斜或错位。同时,要确保熔断器的固定螺丝已经拧紧,以免在使用中出现松动或脱落的情况。

熔断器安装完成后,需要进行测试,以确保其正常工作。一般通过测量熔断器的电阻值来判断熔断器的好坏,正常熔断器的电阻值应与规格书的标称值相符。如果测试的电阻值异常,可能是熔断器已损坏,或者电路存在故障,需要进一步检查和排除故障。

在拆装和检修熔断器的过程中,学生需要学习如何根据故障现象进行故障排查和故障处理,了解常见的故障类型及其排除方法,掌握常用故障的排查工具和故障排查技巧,提高解决实际问题的能力,为今后的工作打下基础。

在熔断器的拆装和检修过程中,应该注意的事项主要包括:

(1)在拆卸和安装熔断器时,要选用合适的工具,避免使用蛮力或过度拧紧螺丝。
(2)安装完成后,要确保熔断器周围的元器件不受影响,不会出现短路或接触不良的情况。
(3)测试时要注意安全,避免测试过程中出现触电或电路短路等危险情况。

四、熔断器的选择

在选择熔断器时应该注意的熔断器参数主要包括:

(1)熔断器类型。
(2)熔断器额定电压。
(3)熔断器额定电流。

技能评定

依据表 1-2-2 所示的评分标准进行技能评定。

表 1-2-2 评分标准

项目内容	配分	评分标准	扣分
基础知识	30	(1)指出各部位名称,错误一次扣5分。 (2)选择合适的工具,错误一次扣5~15分。	
拆装与检修	70	(1)逐步拆除元器件、部件并对其外观进行检查,错误一次扣5分。 (2)型号、规格应符合设计要求,错误一次扣5分。 (3)检测元器件、部件的方法不正确,错误一次扣20分。 (4)不能排除元器件故障点,一个没排除的故障点扣30分。 (5)产生新的故障点,新增一个故障点扣40分。 (6)损坏元器件零件,损坏一只扣20~40分。 (7)安装与检修后通电,元器件无法实现功能,扣50分。	
安全文明生产		违反安全文明生产规程,扣10~70分	
定额时间		训练时间为30 min。训练不允许超时,修复故障允许超时。训练每超时5 min(不足5 min 以 5 min 计)扣5分	
备注		除定额时间外,各项内容的最高扣分不得超过配分数	成绩
开始时间		结束时间	实际时间

总结与评价

总结与评价的内容主要包括：
（1）总结本任务的主要知识点和技能，评价学生在任务实施过程中的表现。
（2）讨论实训中元器件拆装和检修操作存在的问题与注意事项。
（3）填写表 1-2-3 所示的工作评价表相关内容。

表 1-2-3　工作评价表

项目	评价内容	考核指标	分值	自评	互评	师评
一、职业能力（70分）							
任务实施过程	明确工作任务	清楚工作任务内容	2			
		制订工作计划详细、可行	2			
		分工明确、合理	2			
	工作准备	工具、材料和仪表准备正确	4			
		具备相关的专业知识	10			
		工作原理图识读正确	10			
	任务执行过程	拆装和检修元件的方法正确	2			
		工具、设备完好	2			
		安全作业、文明生产	2			
		创新能力和解决问题能力	4			
任务成果质量	安装工艺	元器件拆装规范、美观、质量好	10			
	电路功能	元器件功能实现	20			
二、个人素养（30分）							
遵守纪律	遵守课堂纪律	迟到扣2分、早退扣2分	5			
	遵守实训车间的规章制度	优秀、基本达标、不合格	5			
学习态度	认真完成学习任务	优秀、基本达标、不合格	5			
	工作精益求精、严谨求实	优秀、基本达标、不合格	5			
团队和创新精神	良好沟通、团队合作	优秀、基本达标、不合格	5			
	积极思考、敢于创新	优秀、基本达标、不合格	5			
总分			100			
							教师签名：

分析与思考

一、常用的熔断器有哪些类型？写出它们的常用型号。

二、安装和使用螺旋式熔断器应注意哪些问题？

三、熔断器的额定电流和熔体的额定电流有什么区别？

任务 1.3　交流接触器的拆装与检修

任务描述

　　交流接触器的拆装与检修是一项重要的电气维护工作，涉及电力系统的安全运行和设备的正常使用。交流接触器作为电路中的控制元件，负责接通和断开电流，保护电路设备和电机等设备安全。然而，由于长期使用、环境或操作不当等因素，交流接触器可能会出现各种故障，需要进行拆装和检修。

　　本任务介绍了交流接触器的拆装与检修步骤和方法，帮助大家更好地理解并掌握这项技能，了解交流接触器的结构、工作原理及性能参数，掌握交流接触器的拆装技巧和检修方法，提高在实际操作中的安全意识和技术水平。

任务目标

（1）掌握交流接触器的结构和工作原理。
（2）掌握交流接触器的拆装步骤和方法。
（3）掌握交流接触器的检修步骤和方法，包括外观检查、触点检查等。
（4）提高实际操作能力和问题解决能力。

任务准备

一、交流接触器的主要结构

　　接触器是一种自动切换电器，用于频繁地接通和断开交、直流主电路及大容量控制电路，在电力拖动和自动控制系统中应用广泛。接触器除具有自动切换功能外，还具有一般手动开关所不具备的远距离操作功能和欠（零）电压保护功能。在可编程逻辑控制器（Programmable Logic Controller，PLC）的控制系统中，接触器常作为输出执行元件用于系统中的控制电动机、电热设备、电焊机、电容器组等负载。交流接触器主要由电磁机构、触点系统、灭弧装置及辅助部件等组成。

二、交流接触器的功能检测

　　采用目测方法观察交流接触器的动触点、静触点螺钉是否齐全、牢固，动触点、静触点是否活动灵活。利用万用表电阻挡测试动断（即常闭）触点的输入端和输出端是否全部接通，动合（即常开）触点的输入端和输出端是否全部断开。用手按下衔铁（即动铁心），若动断（即常闭）触点断开、动合（即常开）触点闭合，则说明接触器正常；若动断（即常闭）触点闭合，动合（即常开）触点断开，则说明接触器的相应触点已被损坏。

交流接触器不动作时，动断（即常闭）触点的输入端和输出端应全部接通，测量的电阻值接近于零；动合（即常开）触点的输入端和输出端应全部断开，测量的电阻值为无穷大。

三、交流接触器的外观检测

交流接触器的动触点、静触点的螺钉应齐全、牢固，动触点、静触点活动灵活，外壳无损伤等。

任务实施

在教师的指导下，学生分组进行交流接触器的拆卸操作。学生按照规定的步骤和方法正确使用拆卸工具和材料，逐步拆卸交流接触器各部件并检查其外观。拆卸过程中要特别注意安全，避免因操作不当导致人员受伤或设备损坏。

安装交流接触器时，学生必须按照与拆卸过程相反的步骤进行操作，确保交流接触器正确安装并能够正常工作。安装过程中要确保各部件的紧固以防止出现松动或脱落现象，同时要确保交流接触器的触点排列整齐、无错位现象。

一、接触器的拆装

交流接触器的拆装过程主要包括：
（1）断开电源。
在进行交流接触器的拆装与检修前，必须先断开电源，确保人员安全和设备完好。
（2）卸下固定螺丝。
断开电源后，使用螺丝刀卸下交流接触器上的固定螺丝，取下交流接触器的罩壳。
（3）取出触点。
卸下罩壳后，将触点取出，检查触点是否有烧蚀、磨损等现象。
（4）检查线圈。
检查交流接触器的线圈是否有松动或损坏现象，同时需要检查线圈的接线是否牢固。
（5）清洁和维护。
如果发现有磨损或损坏的零件，需要及时更换或修复。另外，使用清洁剂清洁交流接触器的各部件，确保其表面干净无污垢。
（6）组装交流接触器。
检查和维护后将各部件按照拆卸的逆顺序组装，确保其工作正常。

（7）更换零件。

需要使用原厂的零件或同等规格的零件进行更换，以确保其性能和安全性。

（8）测试和调试。

在完成交流接触器的拆装与检修后，需要进行测试和调试，确保其工作正常且符合要求。

拆卸交流接触器时将主要零部件的名称和作用记入表1-3-1。利用万用表电阻挡测试各对触点动作前、后的电阻值及各类触点的数量、线圈数据，用绝缘电阻表测量两相触点间的绝缘电阻并记入表1-3-1中。

表1-3-1 交流接触器的拆卸与测量记录

型号		容量		拆卸步骤	主要零部件	
					名称	作用
触点数						
主触电	辅助触点	辅助动合（常开）触点	辅助动断（常闭）触点			
触点电阻/Ω						
动合（常开）触点		动断（常闭）触点				
动作前	动作后	动作前	动作后			
线圈						
线径/mm	匝数	电压/V	电阻/Ω			

二、接触器的维修

在拆卸和安装过程中，学生需要对交流接触器进行全面的检查和检修，包括检查交流接触器的触点是否完好、有无烧蚀或磨损现象，检查交流接触器的电磁系统是否正常工作、线圈有无松动或损坏现象。在检查过程中如果发现问题，应及时进行处理或更换相应的元器件，确保交流接触器正常工作进而保证电路的安全运行。接触器的维修见"附录3 低压电器的常见故障和维修方法"。

技能评定

依据表1-3-2所示的评分标准进行技能评定。

表1-3-2 评分标准

项目内容	配分	评分标准	扣分
基础知识	30分	（1）指出各部位名称，错误一次扣5分。 （2）选择合适的工具，错误一次扣5~15分。	

续表

项目内容	配分	评分标准	扣分
拆装与检修	70分	（1）逐步拆除元器件各部件，并对其外观进行检查，错误一次扣5分。 （2）型号、规格应符合设计要求，错误一次扣5分。 （3）检测元器件零件的方法不正确，扣20分。 （4）不能排除元器件故障点，一个没排除的故障点扣30分。 （5）产生新的故障点，新增一个故障点扣40分。 （6）损坏元器件零件，损坏一只扣20~40分。 （7）安装与检修后通电，元器件无法实现功能，扣50分	
安全文明生产		违反安全文明生产规程，扣10~70分	
定额时间		训练时间为30 min。训练不允许超时，修复故障允许超时。训练每超时5 min（不足5 min以5 min计）扣5分	
备注		除定额时间外，各项内容的最高扣分不得超过配分数	成绩
开始时间		结束时间　　　　　　　　　　实际时间	

总结与评价

总结与评价的内容主要包括：
（1）总结本任务的主要知识点和技能，评价学生在任务实施过程中的表现。
（2）讨论实训中元器件拆装和检修操作存在的问题与注意事项。
（3）填写表1-3-3所示的工作评价表相关内容。

表1-3-3　工作评价表

项目	评价内容	考核指标	分值	自评	互评	师评
		一、职业能力（70分）				
任务实施过程	明确工作任务	清楚工作任务内容	2			
		制订工作计划详细、可行	2			
		分工明确、合理	2			
	工作准备	工具、材料和仪表准备正确	4			
		具备相关的专业知识	10			
		工作原理图识读正确	10			
	任务执行过程	执行元件拆装与检修，检修方法正确	2			
		工具、设备完好	2			
		安全作业、文明生产	2			
		创新能力和解决问题能力	4			
任务成果质量	安装工艺	元器件拆装规范、美观、质量好	10			
	电路功能	元器件功能实现	20			

续表

	二、个人素养（30分）				
遵守纪律	遵守课堂纪律	迟到扣2分、早退扣2分	5		
	遵守实训车间的规章制度	优秀、基本达标、不合格	5		
学习态度	认真完成学习任务	优秀、基本达标、不合格	5		
	工作精益求精、严谨求实	优秀、基本达标、不合格	5		
团队和创新精神	良好沟通、团队合作	优秀、基本达标、不合格	5		
	积极思考、敢于创新	优秀、基本达标、不合格	5		
	总分		100		
		教师签名：			

分析与思考

一、描述交流接触器动作时，动合（常开）触点和动断（常闭）触点的动作顺序。

_____

_____

_____

_____

_____

二、交流接触器和直流接触器的铁心结构有什么区别？

_____

_____

_____

_____

_____

任务 1.4　热继电器的拆装与检修

任务描述

热继电器是用于保护电机设备免受过载电流损害的重要元件。如果热继电器出现故障，可能会导致电机设备损坏，甚至引发安全事故。因此，热继电器的拆装与检修是一项至关重要的工作，通过这项工作，可以确保热继电器正常工作，从而保障电机设备的稳定运行和生产线的安全。

任务目标

（1）掌握热继电器的工作原理和结构特点。
（2）掌握热继电器拆装与检修的目的和要求。
（3）掌握热继电器拆装与检修所需工具和材料。

任务准备

一、热继电器的主要结构与工作原理

热继电器是利用电流流过热元件时产生的热量，使双金属片发生弯曲而推动执行机构动作的一种保护电器。热继电器主要用于交流电动机的过载保护、断相及电流不平衡运行的保护以及其他电气设备发热状态的控制。热继电器还常与交流接触器配合组成电磁起动器，广泛用于三相异步电动机的长期过载保护。

热继电器由发热元件、双金属片、导板、测试杆、推杆、动触片、静触片、弹簧、螺钉、复位按钮和整定旋钮等组成。当流过发热元件的电流超过发热元件额定电流值并达到一定时间后，内部机构才会动作，使常闭触点断开或常开触点闭合，电流越大，动作时间越短。热继电器的外观、结构和电子符号如图 1-4-1 所示。

二、热继电器的检测

热继电器的检测流程主要包括：
（1）外观检测。
观察热继电器的发热元件以及动触点、静触点是否活动灵活，螺钉是否齐全牢固，外壳有无损伤。
（2）利用万用表的电阻挡检查发热元件常闭触点的输入端与输出端是否接通，常开触点的输入端和输出端是否不通。如果常闭触点的输入端与输出端不通，则说明热继电器出现故障。
（3）当热继电器无动作时，常闭触点的输入端和输出端接通，测得的电阻值约为 0；常开触点的输入端和输出端不通，则测得的电阻值为无穷大。

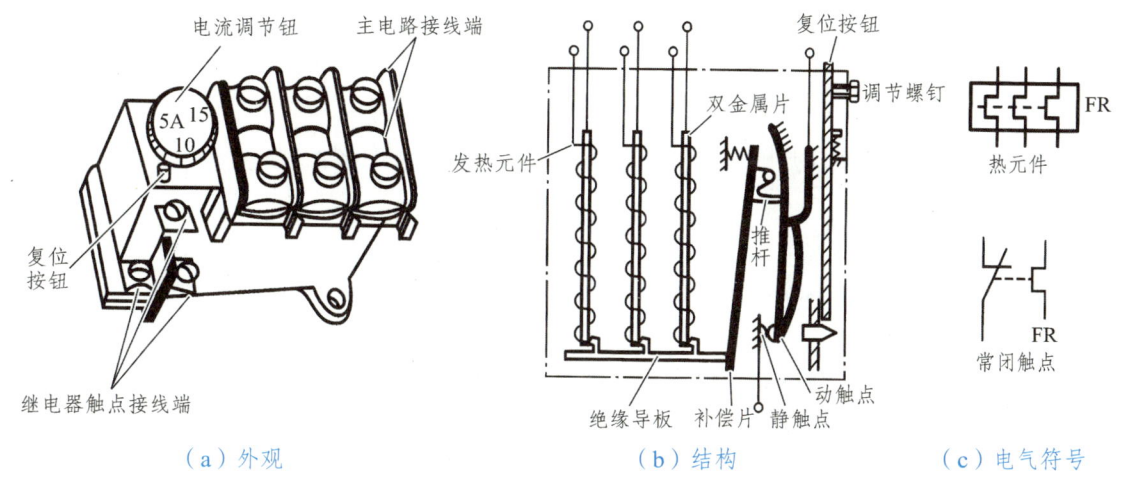

图 1-4-1 热继电器

（4）当热继电器动作时（按住过载测试按钮），常闭触点的输入端和输出端断开，测得的电阻值约为无穷大；常开触点输入端和输出端接通，测得的电阻值约为 0。

三、热继电器的参数选择和调节

热继电器本身的额定电流等级并不多，但其发热元件编号很多。发热元件的每种编号对应一定的电流整定范围，故在使用时应先使发热元件的电流与电动机的电流相适应，然后再根据电动机实际运行情况做适当调节。

发热元件的额定电流等级一般大于电动机的额定电流。发热元件选定后，再根据电动机的额定电流调整热继电器的整定电流，使整定电流与电动机的额定电流基本相等。

热继电器的整定电流是指热继电器长期运行而不动作的最大电流。通常只要负载电流超过整定电流 1.2 倍，热继电器就必须动作。整定电流的调整可通过旋转外壳上方的旋钮完成，旋钮上刻有整定电流标尺，作为调整时的依据。

任务实施

一、热继电器的拆装

热继电器的拆装流程主要包括：
（1）断开电源。
在拆装热继电器前，必须先断开电源。
（2）拆卸固定螺丝。
使用螺丝刀卸下热继电器上的固定螺丝，取下热继电器。
（3）检查双金属片。
热继电器的主要元件是双金属片，需要检查双金属片是否有变形、断裂等现象。如有损坏，更换新的双金属片。

(4)检查触点。

检查热继电器的触点是否有烧蚀、氧化等现象,如有则清洁或更换。

(5)组装热继电器。

将检查完好的双金属片和触点按照原有结构组装,拧紧固定螺丝。

二、拆装注意事项

热继电器的拆装注意事项主要包括:

(1)断开电源。

为了确保人员安全,在拆装与检修热继电器前断开电源。

(2)清洁触点。

触点是热继电器中的重要元件,需要定期清洁,去除氧化物和污垢。可以使用酒精或汽油进行清洁,注意不要使用砂纸或金属刮刀,以免损坏触点。

(3)检查发热元件。

发热元件是热继电器的关键元件,需要检查其是否正常工作。如果发热元件损坏或断裂,需要更换新的发热元件。

(4)检查双金属片。

双金属片是热继电器中的敏感元件,需要检查其是否有变形、断裂等现象。如有损坏,需要更换新的双金属片。

(5)调整动作值。

热继电器的调整动作值是保护电机设备的重要参数,需要定期检查并进行调整。利用万用表测量热继电器的电阻值,根据需要进行调整。

(6)测试动作特性。

在拆装和检修热继电器后,需要测试热继电器的动作特性,检查热继电器是否正常工作。通过接入测试电流或电压的方式进行测试,观察热继电器的动作是否符合要求。

(7)记录维修信息。

在拆装与检修后,需要记录维修信息,如维修时间、维修内容、更换元件等信息。

打开热继电器外盖,观察热继电器内部结构,检测各相热元件电阻值,将各零件的名称、作用及有关电阻值记入表1-4-1中。

表1-4-1 热继电器基本结构及热元件电阻的检测记录

型 号			主要零部件	
			名称	作用
热元件电阻值				
L1相	L2相	L3相		
整定电流值				
L1相	L2相	L3相		

三、热继电器的触点检测

用万用表电阻挡测量热继电器在初始状态下常闭触点（95-96）和常开触点（97-98）的电阻值；按下过载测试键，再次测量热继电器的常闭触点（95-96）和常开触点（97-98）的电阻值。将有关测试值记入表 1-4-2 中。

表 1-4-2　热继电器的触点检测记录

型号		触点数量	
测试状态	触点电阻测量值/Ω		
	95-96 电阻值		97-98 电阻值
初始状态			
按下过载测试钮			

技能评定

依据表 1-4-3 所示的评分标准进行技能评定。

表 1-4-3　评分标准

项目内容	配分	评分标准	扣分
基础知识	30	（1）指出各部位名称，错误一次扣 5 分。 （2）选择合适的工具，错误一次扣 5~15 分。	
拆装与检修	70	（1）逐步拆除元器件各部件，并对其外观进行检查，错误一次扣 5 分。 （2）型号、规格应符合设计要求，错误一次扣 5 分。 （3）检测元器件零件的方法不正确，扣 20 分。 （4）不能排除元器件故障点，一个没排除的故障点扣 30 分。 （5）产生新的故障点，新增一个故障点扣 40 分。 （6）损坏元器件零件，损坏一只扣 20~40 分。 （7）安装与检修后通电，元器件无法实现功能，扣 50 分	
安全文明生产		违反安全文明生产规程，扣 10~70 分	
定额时间		训练时间为 30 min。训练不允许超时，修复故障允许超时。训练每超时 5 min（不足 5 min 以 5 min 计）扣 5 分	
备注		除定额时间外，各项内容的最高扣分不得超过配分数	成绩
开始时间		结束时间　　　　　　　　　实际时间	

总结与评价

总结与评价的内容主要包括：

(1)总结本任务的主要知识点和技能,评价学生在任务实施过程中的表现。
(2)讨论实训操作中元器件拆装和检修存在的问题与注意事项。
(3)填写表 1-4-4 所示的工作评价表相关内容。

表 1-4-4　工作评价表

项目	评价内容	考核指标	分值	自评	互评	师评
一、职业能力(70分)						
任务实施过程	明确工作任务	清楚工作任务内容	2			
		制订工作计划详细、可行	2			
		分工明确、合理	2			
	工作准备	工具、材料和仪表准备正确	4			
		具备相关的专业知识	10			
		工作原理图识读正确	10			
	任务执行过程	执行元件拆装与检修,检修方法正确	2			
		工具、设备完好	2			
		安全作业、文明生产	2			
		创新能力和解决问题能力	4			
任务成果质量	安装工艺	元器件拆装规范、美观、质量好	10			
	电路功能	元器件功能实现	20			
二、个人素养(30分)						
遵守纪律	遵守课堂纪律	迟到扣2分、早退扣2分	5			
	遵守实训车间的规章制度	优秀、基本达标、不合格	5			
学习态度	认真完成学习任务	优秀、基本达标、不合格	5			
	工作精益求精、严谨求实	优秀、基本达标、不合格	5			
团队和创新精神	良好沟通、团队合作	优秀、基本达标、不合格	5			
	积极思考、敢于创新	优秀、基本达标、不合格	5			
总分			100			
教师签名:						

分析与思考

一、简述热继电器的主要结构。

二、如何选择热继电器的额定电流?

三、简述热继电器的手动复位与自动复位的不同之处。

任务 1.5　时间继电器的拆装与检修

> **任务描述**

时间继电器在电气控制系统中具有非常重要的作用，如延时控制、时间测量和实现多个控制任务等。为了确保时间继电器的正常工作，定期进行拆装与检测是必要的。

> **任务目标**

（1）掌握时间继电器的类型和规格。
（2）掌握时间继电器的拆装工具。
（3）掌握时间继电器的检测设备。

> **任务准备**

一、空气阻尼式时间继电器的主要结构

空气阻尼式时间继电器是利用空气阻尼的原理实现延时目的，主要由电磁机构、触点系统、延时机构、气室及传动机构等部分组成。根据触点延时特点，空气阻尼式时间继电器可分为通电延时与断电延时两种。

JS7-2A 型空气阻尼式时间继电器具有两对延时动作的触点和两对瞬时动作的触点，如图 1-5-1 所示。线圈的额定电压为交流 127 V，其延时范围为 0.4~60 s，用螺钉旋具可在该范围内进行调节。

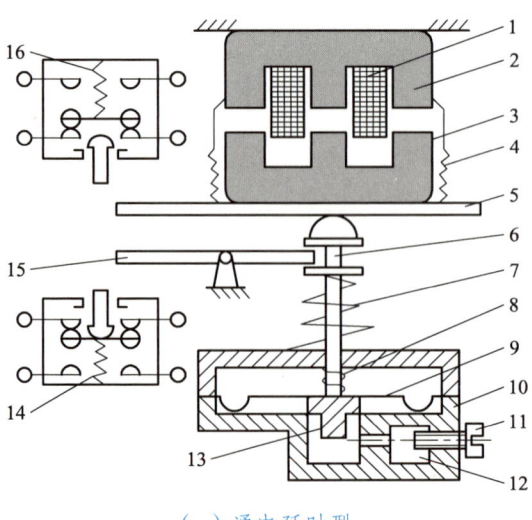

（a）通电延时型

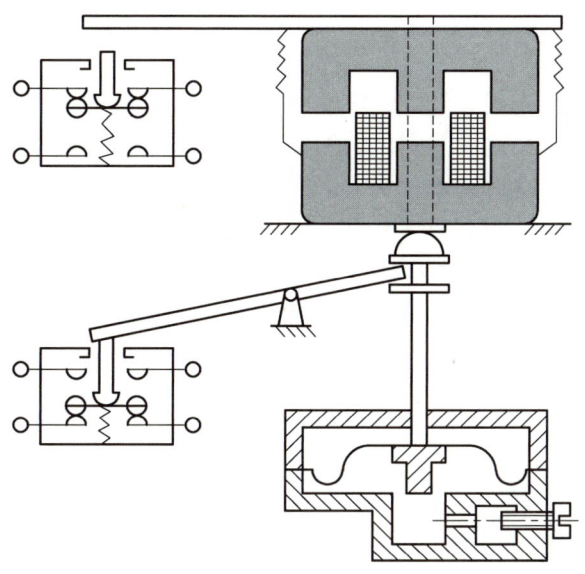

（b）断电延时型

1—线圈；2—铁心；3—衔铁；4—反力弹簧；5—推板；6—活塞杆；7—塔形弹簧；8—弱弹簧；9—橡皮膜；10—空气室壁；11—调节螺钉；12—进气孔；13—活塞；14、16—微动开关；15—杠杆。

图 1-5-1 JS7-2A 型空气阻尼式时间继电器结构原理图

二、电子式时间继电器的主要结构

电子式时间继电器包括 JS13、JS14、JS15、JSZ3、JS20 系列，元件封装在印制电路板上。电子式时间继电器可分为装置式和面板式。装置式时间继电器具有带接线端子的胶木底座，与继电器本体部分采用插座连接，然后用底座上的两个尼龙锁扣锚紧；面板式时间继电器采用通用的 8 个引脚插针，可直接安装在控制台的面板上。JS20 电子式时间继电器的电路原理图如图 1-5-2 所示。

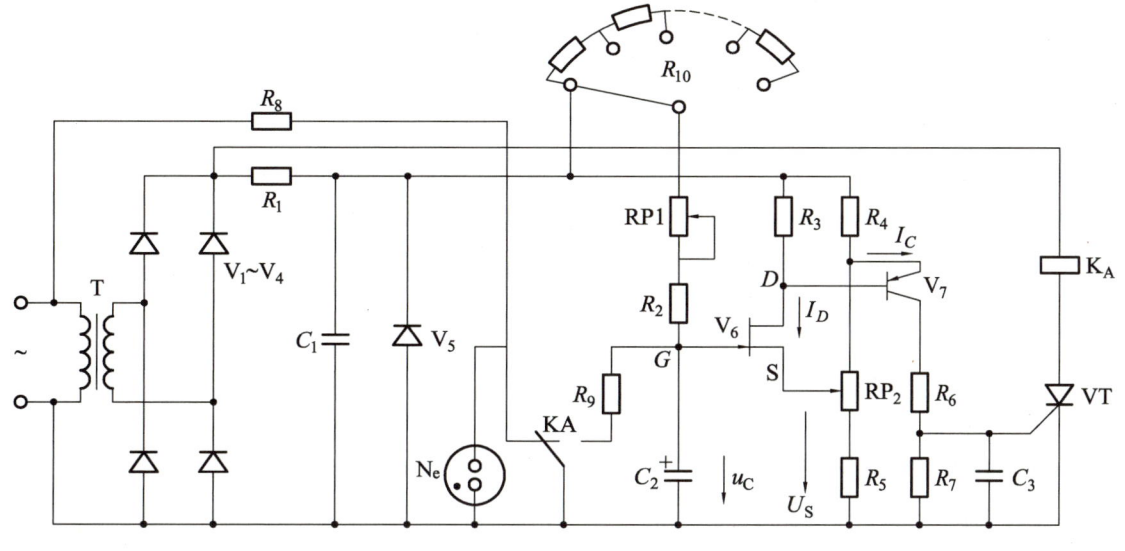

图 1-5-2 JS20 电子式时间继电器的电路原理图

三、时间继电器的检测

检测时间继电器时,首先观察时间继电器的动触点、静触点机械部位是否灵活,螺钉是否齐全牢固。利用万用表电阻挡测试线圈,检测常闭触点的输入端和输出端是否全部接通,常开触点的输入端和输出端是否全部断开。用一字螺钉旋具反向旋转调节杆,观察时间继电器是否延时动作,若无延迟动作则说明时间继电器已损坏。

时间继电器不动作时,线圈及常闭触点的输入端和输出端全部接通,常开触点的输入端和输出端全部不通。

任务实施

一、时间继电器的拆装与检修主要步骤

拆装和检修时间继电器的步骤主要包括:

(1)断开电源。

在拆装与检修前,必须先断开电源。

(2)外观检查。

观察时间继电器是否有明显的损坏或磨损,如外壳破裂、接线端子松动等。如有异常,则进行相应的处理。

(3)初步测试。

接入电源和负载,观察时间继电器是否正常工作。使用万用表测量时间继电器的输入/输出电压、电流等参数,检查其是否符合要求。

(4)拆装检查。

如果初步测试正常,可以进行拆装检查。拧开固定螺丝,小心地将时间继电器从安装位置拆下。

随后检查内部电路板、元器件、接线端子等是否正常,有无烧蚀、松脱等现象。如有问题,进行相应的维修或更换。

(5)维修与更换。

对于有问题的电路板、元器件、接线端子等,进行相应的维修或更换。如果无法修复,更换新的部件。

(6)安装调试。

将拆下的时间继电器重新安装到原位,确保安装牢固、接线正确。

然后进行通电测试,观察时间继电器是否能正常工作。如有异常,检查接线和参数设置是否正确并进行相应调整。

(7)记录维修信息。

拆装与检修后需要记录维修信息,包括维修时间、维修内容、更换元件等信息。

二、时间继电器的拆装与检修注意事项

在拆装与检修过程中,应遵守相关的工作规范和操作流程,特别注意断开电源、避免短路等安全事项,确保拆装与检修的质量和安全。

在使用过程中，应定期进行维护和保养，及时发现并解决潜在的问题，确保时间继电器的正常工作，提高整个电气控制系统的可靠性和稳定性。

三、空气阻尼式时间继电器的主要结构

根据空气阻尼式时间继电器结构，在表 1-5-1 中填写主要零件名称及其作用、触点数量。

表 1-5-1　空气阻尼式时间继电器结构检测记录

型号	线圈额定电压/V	主要零部件	
		名称	作用
常开触点数/副	常闭触点数/副		
延时触点数/副	瞬时触点数/副		
延时分断触点数/副	延时闭合触点数/副		

四、空气阻尼式时间继电器的触点检测

在检查空气阻尼式时间继电器的触点时，利用万用表电阻挡测量初始状态下延时触点和瞬时触点的电阻值。首先用一字螺钉旋具调节延时时间为 3 s；分别测量按住衔铁瞬间和松开衔铁 3 s 后时间继电器的延时常开触点和延时常闭触点、瞬时常开触点和常闭触点的电阻值，将电阻测量值记入表 1-5-2 中。

表 1-5-2　空气阻尼式时间继电器的触点检测记录

型号：_____

测试状态	电阻值			
	延时触点		瞬时触点	
	常开触点	常闭触点	常开触点	常闭触点
初始状态				
按住衔铁				
按住衔铁 3 s 后				

五、时间继电器的时间调节

空气阻尼式时间继电器的定时精确度不高，调节延时时间可以直接用一字螺钉旋具转动调节旋钮，最长延时时间为 180 s。

电子式时间继电器的定时精度高、延时时间长，需要调节时间时可以直接转动时间调节盘面，使指针指向设定的时间刻度即可。

依据表 1-5-3 所示的评分标准进行技能评定。

表 1-5-3　评分标准

项目内容	配分	评分标准	扣分
基础知识	30	（1）指出各部位名称，错误一次扣 5 分。 （2）选择合适的工具，错误一次扣 5～15 分。	
拆装与检修	70	（1）逐步拆除元器件各部件，并对其外观进行检查，错误一次扣 5 分。 （2）型号、规格应符合设计要求，错误一次扣 5 分。 （3）检测元器件零件的方法不正确，扣 20 分。 （4）不能排除元器件故障点，一个没排除的故障点扣 30 分。 （5）产生新的故障点，新增一个故障点扣 40 分。 （6）损坏元器件零件，损坏一只扣 20～40 分。 （7）安装与检修后通电，元器件无法实现功能，扣 50 分。	
安全文明生产		违反安全文明生产规程，扣 10～70 分	
定额时间		训练时间为 30 min。训练不允许超时，修复故障允许超时。训练每超时 5 min（不足 5 min 以 5 min 计）扣 5 分	
备注		除定额时间外，各项内容的最高扣分不得超过配分数	成绩
开始时间		结束时间	实际时间

总结与评价

总结与评价的内容主要包括：

（1）总结本任务的主要知识点和技能，评价学生在任务实施过程中的表现。

（2）讨论实训操作中元器件拆装和检修存在的问题与注意事项。

（3）填写表 1-5-4 所示的工作评价表相关内容。

表 1-5-4　工作评价表

项目	评价内容	考核指标	分值	自评	互评	师评
		一、职业能力（70 分）				
任务实施过程	明确工作任务	清楚工作任务内容	2			
		制订工作计划详细、可行	2			
		分工明确、合理	2			
	工作准备	工具、材料和仪表准备正确	4			
		具备相关的专业知识	10			
		工作原理图识读正确	10			
	任务执行过程	执行元件拆装与检修，检修方法正确	2			
		工具、设备完好	2			
		安全作业、文明生产	2			
		创新能力和解决问题能力	4			
任务成果质量	安装工艺	元器件拆装规范、美观、质量好	10			
	电路功能	元器件功能实现	20			

续表

二、个人素养（30分）					
遵守纪律	遵守课堂纪律	迟到扣2分、早退扣2分	5		
	遵守实训车间的规章制度	优秀、基本达标、不合格	5		
学习态度	认真完成学习任务	优秀、基本达标、不合格	5		
	工作精益求精、严谨求实	优秀、基本达标、不合格	5		
团队和创新精神	良好沟通、团队合作	优秀、基本达标、不合格	5		
	积极思考、敢于创新	优秀、基本达标、不合格	5		
总分				100	

教师签名：

分析与思考

一、电子式时间继电器最长延时时间是多少？

_____
_____
_____
_____
_____

二、电子式时间继电器在没有通电的情况下，如何测量触点通断情况？

_____
_____
_____
_____
_____

任务 1.6　主令电器的拆装与检修

任务描述

主令电器是控制系统中重要的组成部分，用于传递控制信号，实现系统的自动化控制。主令电器种类繁多，常见的有按钮、行程开关、转换开关等。为了确保主令电器的正常工作，定期进行拆装与检修是必要的。

任务目标

（1）掌握主令继电器的类型和规格。
（2）掌握主令继电器的故障诊断方法。
（3）掌握主令继电器的拆装和检修方法。

任务准备

一、按钮开关的主要结构

按钮一般由按钮帽、复位弹簧、动触点、静触点等组成，如图 1-6-1 所示。当按钮未被按下时，其常开静触点处于断开状态，常闭静触点处于闭合状态；当按钮被按下时，其常开静触点闭合，常闭静触点断开。

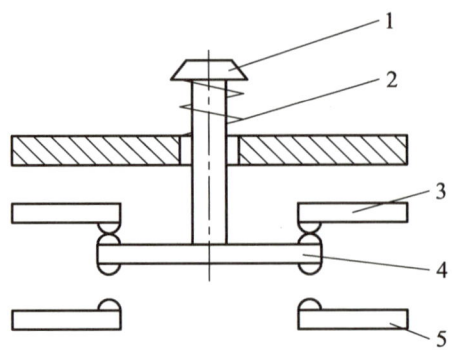

1—按钮帽；2—复位弹簧；3—常闭静触点；4—动触点；5—常开静触点。

图 1-6-1　控制按钮结构示意图

二、按钮开关的检测

检测按钮开关时，观察按钮的动触点、静触点是否活动灵活，螺钉是否齐全牢固。利用万用表电阻挡测试常闭触点的输入端和输出端是否全部接通，常开触点的输入端和输出端是否全部不通，否则说明按钮相应触点已坏。

按钮不动作时，常闭触点输入端和输出端全部接通，常开触点输入端和输出端全部不通。

三、行程开关的种类和结构

行程开关的结构主要由操作机构和触点系统两部分组成，通常有一对常开触点和一对常闭触点，如图1-6-2所示。行程开关按接触方式可分为接触式、非接触式；按结构可分为直动式、滚轮式、微动式，如图1-6-3所示。

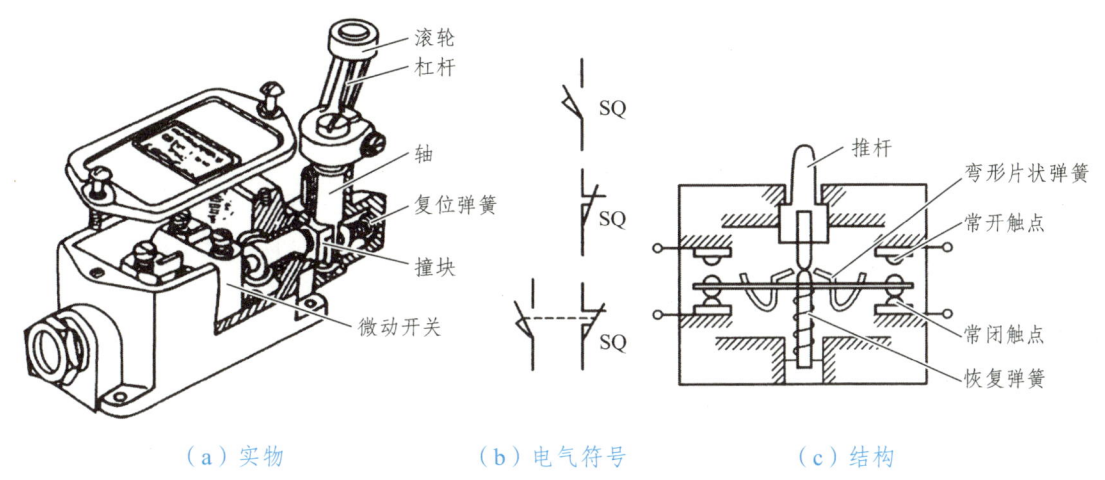

（a）实物　　　　　　（b）电气符号　　　　　　（c）结构

图1-6-2　行程开关结构

（a）直动式　　　　　　（b）滚轮式　　　　　　（c）微动式

图1-6-3　行程开关种类

四、行程开关的检测

检测行程开关时，观察行程开关的动触点、静触点机械部位是否活动灵活、螺钉是否齐全牢固。利用万用表电阻挡测试常闭触点的输入端和输出端是否全部接通，常开触点输入端和输出端是否全部不通，否则说明行程开关相应触点已损坏。

行程开关不动作时常闭触点输入端和输出端全部接通，常开触点输入端和输出端全部不通。

> 任务实施

一、主令电器拆装和检修

（一）主令电器拆装和检修步骤

主令电器拆装和检修的实施步骤主要包括：

（1）准备工作。

在拆装与检修前，准备好所需的拆装工具和设备，如螺丝刀、扳手、万用表等。同时，了解主令电器的规格、型号和功能，确保后续工作的正确性和安全性。

（2）断开电源。

在拆装与检修前，必须先断开电源，确保人员安全。

（3）外观检查。

观察主令电器是否有明显的损坏或磨损，如外壳破裂、接线端子松动等。如有异常，进行相应的处理。

（4）功能测试。

通过接入电源和负载，观察主令电器是否能正常工作。同时，利用万用表测量主令电器的输入/输出电压、电流等参数，检查其是否符合要求。

（5）拆装检查。

如果初步测试正常，可以进行拆装检查。

拧开固定螺丝，小心地将主令电器从安装位置拆下；然后检查内部的电路板、元器件、接线端子等是否正常，有无烧蚀、松脱等现象。如有问题，进行相应的维修或更换。

（6）维修与更换。

对于有问题的电路板、元器件、接线端子等，进行相应的维修。如果无法修复，更换新的部件。

（7）安装调试。

将拆下的主令电器重新安装到原位，确保安装牢固、接线正确；然后进行通电测试，观察主令电器是否能正常工作。如有异常，需要检查接线和参数设置是否正确并进行调整。

（8）记录维修信息。

在拆装与检修后，记录维修信息，如维修时间、维修内容、更换元件等信息。

（二）主令电器拆装和检修注意事项

主令电器拆装和检修的注意事项主要包括：

（1）安全注意事项。

在拆装和检修主令电器时，必须先断开电源确保人员安全，避免发生短路等意外事故。

（2）操作规范和流程。

在拆装与检修过程中，遵循相关的工作规范和操作流程，确保拆装与检修的质量和安全。对于不同类型和规格的主令电器，根据其具体要求进行操作。

（3）维修记录管理。

在拆装和检修完主令电器后，及时记录维修信息。同时，定期检查和维护主令电器，及时发现并解决潜在的问题，确保其正常工作。

二、按钮的拆卸与检测

将按钮的拆卸步骤、主要零部件名称及作用、各对触点动作前后的电阻值、各类触点数量等检测数据填入表 1-6-1。

表 1-6-1　按钮的拆卸与检测记录

型号				拆卸步骤	主要零部件	
					名称	作用
触点数						
常开触点		常闭触点				
触点电阻						
常开触点		常闭触点				
动作前	动作后	动作前	动作后			

三、行程开关的拆卸与检测

将行程开关的拆卸步骤、主要零部件的名称及作用、各对触点动作前后的电阻值及各类触点数量等检测数据填入表 1-6-2。

表 1-6-2　行程开关的拆卸与检测记录

型　号				拆卸步骤	主要零部件	
					名　称	作　用
触点数						
常开触点		常闭触点				
触点电阻						
常开触点		常闭触点				
动作前	动作后	动作前	动作后			

技能评定

依据表 1-6-3 所示的评分标准进行技能评定。

表 1-6-3　评分标准

项目内容	配分	评分标准	扣分
基础知识	30	（1）指出各部位名称，错误一次扣 5 分。 （2）选择合适的工具，错误一次扣 5～15 分。	
拆装与检修	7分	（1）逐步拆除元器件各部件，并对其外观进行检查，错误一次扣 5 分。 （2）型号、规格应符合设计要求，错误一次扣 5 分。 （3）检测元器件零件的方法不正确，扣 20 分。 （4）不能排除元器件故障点，一个没排除的故障点扣 30 分。 （5）产生新的故障点，新增一个故障点扣 40 分。 （6）损坏元器件零件，损坏一只扣 20～40 分。 （7）安装与检修后通电，元器件无法实现功能，扣 50 分	
安全文明生产		违反安全文明生产规程，扣 10～70 分	
定额时间		训练时间为 30 min。训练不允许超时，修复故障允许超时。训练每超时 5 min（不足 5 min 以 5 min 计）扣 5 分	
备注		除定额时间外，各项内容的最高扣分不得超过配分数	成绩
开始时间		结束时间　　　　　　　　实际时间	

总结与评价

总结与评价的内容主要包括：
（1）总结本任务的主要知识点和技能，评价学生在任务实施过程中的表现。
（2）讨论实训操作中元器件拆装和检修存在问题与注意事项。
（3）填写表 1-6-4 所示的工作评价表相关内容。

表 1-6-4　工作评价表

项目	评价内容	考核指标	分值	自评	互评	师评
		一、职业能力（70分）				
任务实施过程	明确工作任务	清楚工作任务内容	2			
		制订工作计划详细、可行	2			
		分工明确、合理	2			
	工作准备	工具、材料和仪表准备正确	4			
		具备相关的专业知识	10			
		工作原理图识读正确	10			
	任务执行过程	执行元件拆装与检修，检修方法正确	2			
		工具、设备完好	2			
		安全作业、文明生产	2			
		创新能力和解决问题能力	4			
任务成果质量	安装工艺	元器件拆装规范、美观、质量好	10			
	电路功能	元器件功能实现	20			

续表

	二、个人素养（30分）					
1	遵守课堂纪律	迟到扣2分、早退扣2分	5			
2	遵守实训车间的规章制度	优秀、基本达标、不合格	5			
3	认真完成学习任务	优秀、基本达标、不合格	5			
4	工作精益求精、严谨求实	优秀、基本达标、不合格	5			
5	良好沟通、团队合作	优秀、基本达标、不合格	5			
6	积极思考、敢于创新	优秀、基本达标、不合格	5			
	总分		100			
	教师签名：					

分析与思考

一、简述按下按钮时常开触点和常闭触点的动作顺序。

_____
_____
_____
_____
_____
_____

二、简述单滚轮式行程开关和双滚轮式行程开关的触点动作的异同。

_____
_____
_____
_____
_____
_____

任务 1.7　变压器的拆装与检修

任务描述

变压器的拆装与检修是一项重要的任务，涉及变压器的安全运行和电力系统的稳定性。在进行变压器的拆装与检修之前，需要充分了解变压器的类型、规格和性能特点确保操作人员明白自己的责任和任务。

任务目标

（1）掌握变压器的类型、规格和性能特点。
（2）掌握变压器的拆装和检修方法。
（3）掌握变压器拆装和检修方法所需工具和设备。

任务准备

一、变压器的主要结构

变压器主要由铁心和绕组两个部分组成。

（一）铁心

铁心是变压器的磁路通道。为了减小涡流和磁滞损耗，铁心常用磁导率较高而又相互绝缘的硅钢片叠装而成。每一片硅钢片的厚度为 0.35~0.5 mm，表面涂有绝缘漆。

铁心可分为心式和壳式两种。心式铁心呈"口"字形，绕组包着铁心；壳式铁心呈"日"字形，铁心包裹线圈。

（二）绕组

绕组是变压器的电路部分，用绝缘良好的漆包线、纱包线或丝包线绕成。与电源相连的绕组称为一次绕组或原绕组、原边、初级线圈；与负载连接的绕组称为二次绕组或副绕组、副边、次级线圈。

变压器绕组的一个特点是必须具有良好的绝缘性能。

二、变压器的检测

检测变压器时必须注意的变压器参数主要包括：

（1）额定容量。

额定容量是指变压器副边输出的最大视在功率，其大小为副边额定电压和额定电流的乘积，单位一般用 kV·A 表示。

（2）原边额定电压。

原边额定电压是指加载到变压器原边上的最大正常工作电压。

（3）副边额定电压。

副边额定电压是指当变压器的原边加载额定电压时，副边连接额定负载时的输出电压。

在实际应用过程中，要分清原边、副边，按额定电压正确安装，防止损坏绝缘性能或过载；防止变压器绕组短路，烧毁变压器。变压器的工作温度不能过高，要有良好的冷却系统。

任务实施

一、变压器拆装和检修

变压器拆装和检修的步骤主要包括：

（1）准备工作。

在拆装和检修变压器前，准备好所需的工具和设备，如螺丝刀、扳手、万用表等；了解变压器的规格、型号和功能，确保后续工作的正确性和安全性。

（2）断开电源。

在拆装和检修变压器前，必须先将变压器从电网断开，并确保变压器处于无电状态。

（3）外观检查。

观察变压器的外观，查看是否有明显的损坏或异常，如外壳破裂、漏油等。

（4）记录原始数据。

在拆卸前，记录变压器的一些原始数据如油位、温度、噪声等，以便对比变压器拆装前后的现象，以判断电压器的状态。

（5）拆卸附件。

在拆卸变压时，要依次拆卸变压器上的附件，如散热器、油枕、温度计等。在拆卸过程中，避免损坏其他部件。

（6）拆卸线圈。

使用专用工具拆卸变压器的线圈，注意不要损坏线圈的绝缘层和导电部分。

（7）检查维修。

检查拆卸下来的部件，观察是否有损坏或异常。如有损坏和异常，进行相应的维修或更换。

（8）重新组装。

按照与拆卸相反的步骤重新组装变压器，确保所有部件都安装正确并牢固。

（9）测试。

变压器组装完成后需要进行测试，检查变压器的各项功能是否正常。

（10）记录维修信息。

在检修过程中记录所有的维修内容和更换的部件。

拆卸变压器，将拆卸步骤、主要零部件名称及作用、测量数据填入表 1-7-1。

表 1-7-1　变压器的拆卸与测量记录

型号		拆卸步骤	主要零部件	
			名称	作用
额定容量/(kV·A)				
原边额定电压/V				
副边额定电压/V				

二、检修变压器检修的注意事项

检修变压器的注意事项主要包括：
（1）检修过程中，要实时监控变压器的内部油位，防止油位过低或过高。
（2）遵循安全操作规程，穿戴合适的个人防护设备，确保工作人员的安全。
（3）如果遇到无法解决的问题或故障，应寻求专业人员的帮助。
（4）检修完成后，对变压器进行全面的检查，确保无故障。
（5）定期维护和检修变压器，有助于保证其正常运行并延长其使用寿命。

技能评定

依据表 1-7-2 所示的评分标准进行技能评定。

表 1-7-2　评分标准

项目内容	配分	评分标准	扣分
基础知识	30	（1）指出各部位名称，错误一次扣 5 分。 （2）选择合适的工具，错误一次扣 5~15 分	
拆装与检修	70	（1）逐步拆除元器件各部件，并对其外观进行检查，错误一次扣 5 分。 （2）型号、规格应符合设计要求，错误一次扣 5 分。 （3）检测元器件零件的方法不正确，扣 20 分。 （4）不能排除元器件故障点，一个没排除的故障点扣 30 分。 （5）产生新的故障点，新增一个故障点扣 40 分。 （6）损坏元器件零件，损坏一只扣 20~40 分。 （7）安装与检修后通电，元器件无法实现功能，扣 50 分	
安全文明生产		违反安全文明生产规程，扣 10~70 分	
定额时间		训练时间为 30 min。训练不允许超时，修复故障允许超时。训练每超时 5 min（不足 5 min 以 5 min 计）扣 5 分	
备注		除定额时间外，各项内容的最高扣分不得超过配分数	成绩
开始时间		结束时间	实际时间

总结与评价

总结与评价的内容主要包括：
（1）总结本任务的主要知识点和技能，评价学生在任务实施过程中的表现。
（2）讨论实训操作中元器件拆装和检修存在问题与注意事项。
（3）填写表 1-7-3 所示的工作评价表相关内容。

表 1-7-3　工作评价表

项目	评价内容	考核指标	分值	自评	互评	师评
一、职业能力（70分）						
任务实施过程	明确工作任务	清楚工作任务内容	2			
		制订工作计划详细、可行	2			
		分工明确、合理	2			
	工作准备	工具、材料和仪表准备正确	4			
		具备相关的专业知识	10			
		工作原理图识读正确	10			
	任务执行过程	执行元件拆装与检修，检修方法正确	2			
		工具、设备完好	2			
		安全作业、文明生产	2			
		创新能力和解决问题能力	4			
任务成果质量	安装工艺	元器件拆装规范、美观、质量好	10			
	电路功能	元器件功能实现	20			
二、个人素养（30分）						
遵守纪律	遵守课堂纪律	迟到扣2分、早退扣2分	5			
	遵守实训车间的规章制度	优秀、基本达标、不合格	5			
学习态度	认真完成学习任务	优秀、基本达标、不合格	5			
	工作精益求精、严谨求实	优秀、基本达标、不合格	5			
团队和创新精神	良好沟通、团队合作	优秀、基本达标、不合格	5			
	积极思考、敢于创新	优秀、基本达标、不合格	5			
总分			100			
教师签名：						

分析与思考

把两个独立的线圈套在同一个闭合铁心上,一个线圈连到电源两端并分别通过恒定的直流电和正弦交流电,另一个线圈连到额定电压为 3.8 V 的小灯泡上,灯泡可能发光吗?请判断并分析其原因。

任务 1.8　电动机的拆装与接线

任务描述

在现代工业生产过程中，电动机的应用非常广泛，从各种机械设备的驱动到家电的运转，都由电动机来驱动。因此，了解电动机的基本原理、拆装、接线等，对于专业技术人员来说是必不可少的技能。本任务旨在让学生全面掌握电动机的拆装与接线技术，为今后的实际操作打下坚实基础。

任务目标

（1）掌握电动机的基本原理和构造。
（2）掌握电动机的拆卸流程和注意事项。
（3）掌握电动机的接线方法及电路检测。
（4）培养实际操作能力和解决问题的能力。

任务准备

一、三相电动机的主要结构

三相电动机主要由定子和转子两个部分组成。

（一）定子

三相异步电动机的定子主要由定子铁心、定子绕组、机座、端盖等组成，其作用是加载三相交流电后产生一个旋转磁场。

（二）转子

三相异步电动机的转子主要由转子铁心、转子绕组、转轴和风扇组成，其作用是在定子旋转磁场感应下产生电磁转矩。

二、三相电动机的拆卸

三相电动机的拆卸步骤主要包括：
（1）拆卸前做好必要的记录。
（2）拆卸联轴器或传动带轮。
（3）拆卸轴承盖和端盖。
（4）抽出转子。
（5）拆卸轴承。

三、三相电动机的装配

三相电动机的装配步骤主要包括：
（1）清洗电动机内部。
（2）装轴承。
（3）安装后端盖。
（4）安装转子。
（5）安装前端盖。

四、三相电动机的接线

三相电动机的电源引接线应采用绝缘软导线，电源线的截面应按电动机的额定电流选择。为了保证电源引接线与电动机接线柱安全、可靠、牢固地连接，接至三相异步电动机接线柱的电源引接线应装有相应规格的接线头。如图1-8-1所示，U、V、W 三相电源线要分别接在电动机的3个接线柱（即U接线柱、V接线柱和W接线柱）上。

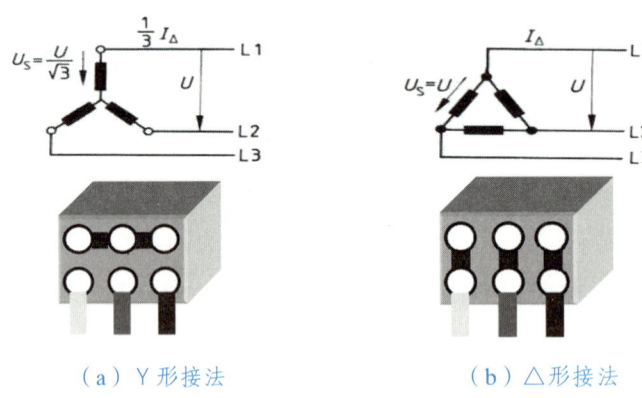

（a）Y形接法　　　　　　（b）△形接法

图 1-8-1　三相异步电动机Y和△接法

五、万用表判断异步电动机绕组首端和尾端

利用万用表判断异步电动机绕组首端和尾端的步骤主要包括：
（1）先分清三相绕组各相的两个线头，按照相关要求进行编号，按图1-8-2进行电路接线。

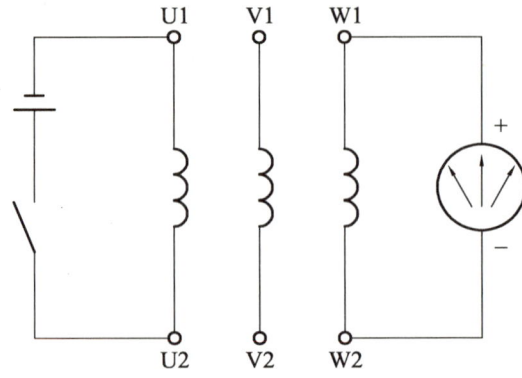

图 1-8-2　万用表判断绕组首端和尾端

（2）观察万用表微安挡指针摆动的方向。合上开关的瞬间，若指针摆向大于零的一边，则接电源正极的线头与万用表负极所接的线头同为首端或尾端；如指针反向摆动，则接电源正极的线头与万用表正极所接的线头同为首端或尾端。

（3）将电源和开关接另一相两个线头，按照步骤（2）的方法进行测试，就可以正确判断各相的首尾端。

六、电机绝缘电阻的测量方法

测量电机绝缘电阻的步骤主要包括：

（1）正确接线，特别注意线路（L）、接地（E）、屏蔽（G）的连线。

（2）利用兆欧表（兆欧表）测量绝缘电阻。由慢到快摇动兆欧表的手柄，直到转速达到120 r/min，保持手柄均匀、稳定地转动1 min并且指针稳定后开始读取兆欧表示数，此数即为电机的绝缘电阻。

（3）按照步骤（2）分别测量各相绕组的对地绝缘电阻和相间绝缘电阻。

一、电动机拆卸

在教师的指导下，学生分组进行电动机的拆卸操作。按照规定的步骤，依次拆下电动机的各部件，并仔细观察各部件的连接方式和结构特点。在此过程中，学生应注意安全，避免因设备操作不当导致设备损坏或人员受伤。将拆卸步骤、主要零部件名称及作用、测量数据填入表1-8-1中。

表1-8-1　电动机的拆卸记录

型号		拆卸步骤	主要零部件	
			名称	作用
额定容量/(kV·A)				
额定电压/V				

二、电动机接线

通过观看教学视频和实际操作演练，学习电动机的接线方法，掌握如何正确连接电源以及如何启动、运行和制动回路，理解各回路的原理和工作过程。在接线过程中，学生应遵守安全规范，正确使用工具和材料。将接线步骤、主要零部件名称及作用、测量数据填入表1-8-2中。

表1-8-2　电动机的接线记录

型号		拆卸步骤	主要零部件	
			名称	作用
绝缘电阻/MΩ				
三相电阻/MΩ				

技能评定

依据表 1-8-3 所示的评分标准进行技能评定。

表 1-8-3　评分标准

项目内容	配分	评分标准	扣分
基础知识	30	（1）指出各部位名称，错误一次扣 5 分。 （2）选择合适的工具，错误一次扣 5～15 分。	
拆装与检修	70	（1）逐步拆除元器件各部件，并对其外观进行检查，错误一次扣 5 分。 （2）型号、规格应符合设计要求，错误一次扣 5 分。 （3）检测元器件零件的方法不正确，扣 20 分。 （4）不能排除元器件故障点，一个没排除的故障点扣 30 分。 （5）产生新的故障点，新增一个故障点扣 40 分。 （6）损坏元器件零件，损坏一只扣 20～40 分。 （7）安装与检修后通电，元器件无法实现功能，扣 50 分。	
安全文明生产		违反安全文明生产规程，扣 10～70 分	
定额时间		训练时间为 30 min。训练不允许超时，修复故障允许超时。训练每超时 5 min（不足 5 min 以 5 min 计）扣 5 分	
备注		除定额时间外，各项内容的最高扣分不得超过配分数	成绩
开始时间		结束时间	实际时间

总结与评价

总结与评价的内容主要包括：
（1）总结本任务的主要知识点和技能，评价学生在任务实施过程中的表现。
（2）讨论实训操作中元器件拆装和检修存在问题与注意事项。
（3）填写表 1-8-4 所示的工作评价表相关内容。

表 1-8-4　工作评价表

项目	评价内容	考核指标	分值	自评	互评	师评
一、职业能力（70 分）						
任务实施过程	明确工作任务	清楚工作任务内容	2			
		制订工作计划详细、可行	2			
		分工明确、合理	2			
	工作准备	工具、材料和仪表准备正确	4			
		具备相关的专业知识	10			
		工作原理图识读正确	10			

续表

项目	评价内容	考核指标	分值	自评	互评	师评
任务实施过程	任务执行过程	执行元件拆装与检修，检修方法正确	2			
		工具、设备完好	2			
		安全作业、文明生产	2			
		创新能力和解决问题能力	4			
任务成果质量	安装工艺	元器件拆装规范、美观、质量好	10			
	电路功能	元器件功能实现	20			
二、个人素养（30分）						
遵守纪律	遵守课堂纪律	迟到扣2分、早退扣2分	5			
	遵守实训车间的规章制度	优秀、基本达标、不合格	5			
学习态度	认真完成学习任务	优秀、基本达标、不合格	5			
	工作精益求精、严谨求实	优秀、基本达标、不合格	5			
团队和创新精神	良好沟通、团队合作	优秀、基本达标、不合格	5			
	积极思考、敢于创新	优秀、基本达标、不合格	5			
总分			100			

教师签名：_____

分析与思考

三相电动机起动电流很大，其值约为额定电流的 4~7 倍。过大的起动电流会使电网电压产生波动，影响同一线路上的其他用电设备的正常工作。频繁地起动电动机，还会造成电动机因严重发热而损坏。那么对于功率较大的电动机（如 7.5 kW 以上），在起动时可以采取哪些措施把起动电流限制在一定数值范围内？

项目二
三相电动机基本电路的安装与调试

项目描述

在生产加工过程中,需根据加工工艺和控制要求,对电动机进行起动、停止、运行的控制,如机床对刀、汽车龙门架升降需要采用点动控制、正反转控制;对于大功率电动机,由于起动电流大,还需进行降压起动。具体可以根据电气控制系统图对电动机进行正确的安装和调试。

项目任务

(1)能识读三相电机的控制电路原理图、布局图和接线图。
(2)掌握根据电机功率选择电路基本元件型号的方法。
(3)掌握三相电动机及其控制电路的安装方法。
(4)掌握三相电动机及其控制电路的调试方法。

项目目标

1. 知识目标

(1)熟悉常用低压电器的结构、工作原理、型号规格、使用方法及其在控制电路中的作用。
(2)熟悉三相交流异步电动机常用控制电路的工作原理、接线方法、调试及故障排除的技巧。

2. 能力目标

(1)能够正确使用工具对电气元件进行检测。
(2)能够按照接线工艺规范,合理地布局和安装元件,并完成三相电动机控制电路的正确接线。
(3)能够遵照安全操作规程完成电路的功能调试。

3. 素质目标

(1)培养电路维修技能,树立安全意识和质量意识。
(2)培养控制电路安装的思路和方法。
(3)建立逻辑清晰的工作思路,培养良好的学习兴趣。
(4)培养将所学知识应用于实际的习惯。

任务 2.1　电气控制系统图纸的识读

任务描述

机床电气控制线路因机床的种类、功能及其加工工艺不同，除了各种切削运动及其辅助运动所需电气控制外，还有照明、冷却等电气控制，机床电气控制线路较为复杂。本任务主要介绍 CW6132 型普通车床电气系统，该系统主要包括电源线路、控制器线路、电机线路和照明线路等。

请学生正确识读 CW6132 型普通车床的电气原理图、元器件布置图和安装接线图。

任务目标

（1）掌握国家标准规定的电器图形文字符号。
（2）掌握国家标准规定的电气制图标准。
（3）掌握电气控制系统原理、功能、用途以及电气元件之间的布置、连接和安装关系。
（4）掌握电气原理图、元器件布置图和安装接线图的识读方法。

任务准备

一、电气控制系统图的识读

电气控制系统是由许多电气元器件按一定要求连接而成的。为了表达生产机械电气控制系统的结构、原理等设计意图，同时也为了便于电气系统的安装、调整、使用和维修，需要将电气控制系统中各电气元器件的连接用一定的图形表达出来，这种图形就是电气控制系统图。

电气控制系统图一般分为电路图（又称电气原理图）、电气元器件布置图、电气安装接线图。在电气控制系统图上用相关国家标准规定的图形符号表示各种电气元器件，用相关国家标准规定的文字符号表示设备及电路功能、状况和特征。

目前电气控制系统图的制图依据主要有《电气简图用图形符号》（GB/T 4728—2022）、《技术产品及技术产品文件结构原则　字母代码　按项目用途和任务划分的主类和子类》（GB/T 20939—2007）、《人机界面标志标识的基本和安全规则　设备端子、导体终端和导体的标识》（GB/T 4026—2019）、《电气技术用文件的编制　第 1 部分：规则》（GB/T 6988.1—2008）等，此外还须遵守机械制图与建筑制图的相关标准。

（一）电路图

电路图用于表达电路、设备电气控制系统的组成部分和连接关系。通过电路图，可以详细了解电路、设备电气控制系统的组成和工作原理，并可在测试和诊断故障时提供足够的信息。电路图也是编制接线图的重要依据，习惯上把电路图称作电气原理图。

电气原理图是根据电路工作原理绘制的，图 2-1-1 所示为 CW6132 型车床电气原理图。

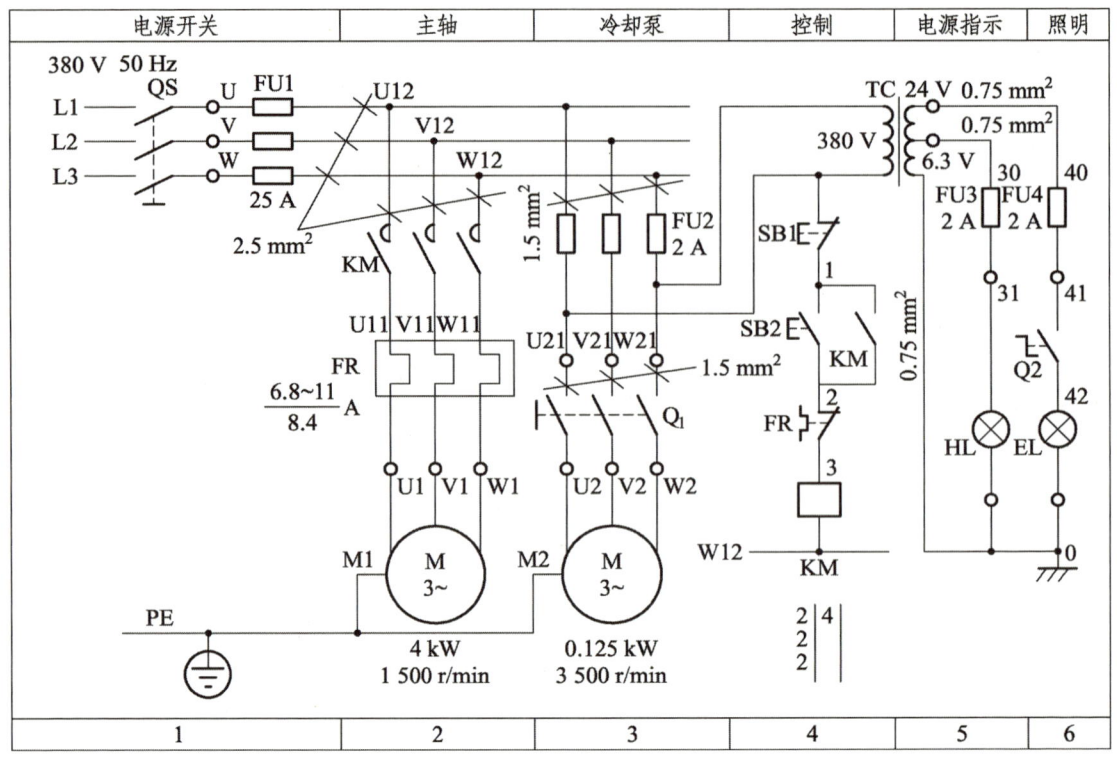

图 2-1-1　CW6132 型车床电气原理图

在绘制电气原理图时，一般应遵循的规则主要包括：

（1）电气原理图按相关国家标准规定的图形符号、文字符号和线路标号进行绘制。

（2）动力系统的电源电路一般绘制成水平线；受电的动力装置、电动机主电路用垂直线绘制在图面的左侧，控制电路用垂直线绘制在图面的右侧，主电路与控制电路应分开绘制。各电路元器件采用平行展开画法，但同一电器的各元器件采用同一文字符号标明。

（3）电气原理图中所有电路元器件的触点，均按没有受到外力作用时或未通电时的原始状态绘制。对于接触器和电磁式继电器的触点，按照电磁线圈未通电时的状态绘制；对于按钮和位置开关的触点，按照不受外力作用时的状态绘制。当触点的图形符号垂直放置时，以"左开右闭"的原则绘制，即垂线左侧的触点为动合（常开）触点，垂线右侧的触点为动断（常闭）触点；当触点的图形符号水平放置时，以"上闭下开"的原则绘制，即水平线上方的触点为动断（常闭）触点，水平线下方的触点为动合（常开）触点。

（4）在电气原理图中，导线的交叉连接点均用小圆圈或黑圆点表示。

（5）在电气原理图上方将图分成若干图区，标明该图区电路的用途；在继电器、接触器线圈下方列有触点表以说明线圈和触点的从属关系。

（6）电气原理图的全部电动机、元器件的型号、文字符号、用途、数量、额定技术参数，均应填写在元器件明细表内。

（二）电气元器件布置图

电气元器件布置图详细绘制出电气设备零件安装位置，图中各电器代号应与有关电路图和元器件明细表所列元器件代号相同,图中一般留有 10%以上的备用面积及导线管(槽)的位置以供改进设计时使用,图中不需要标注尺寸。图 2-1-2 所示为 CW6132 型车床电气元器件布置图,图中 FU1~FU4 为熔断器,KM 为接触器,FR 为热继电器,TC 变压器,XT 为接线端子板。

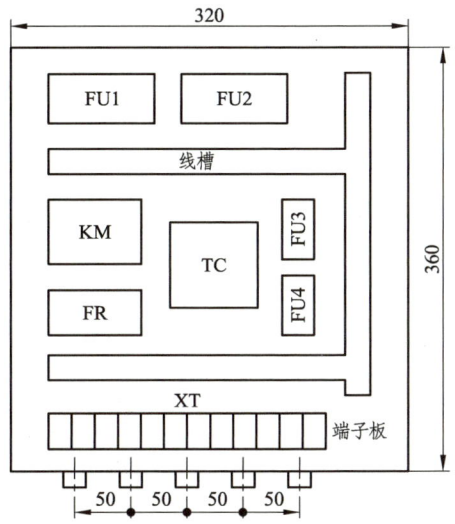

图 2-1-2　CW6132 型车床电气元器件布置图

(三)电气安装接线图

电气安装接线图是指利用相关国家标准规定的图形符号,按照各电气元器件相对位置绘制的实际接线图,是实际接线安装的依据和准则。电气安装接线图清楚地表示了各电气元器件的相对位置以及各电气元器件之间的电气连接,所以电气安装接线图不仅要把同一个电器的各个部件绘制在一起,而且各个部件的布置要尽可能符合这个电器的实际情况,但对尺寸和比例没有严格要求。各电气元器件的图形符号、文字符号和回路标记均应以原理图为准,并与原理图保持一致,以便查对。图 2-1-3 所示为 CW6132 型车床电气接线图。

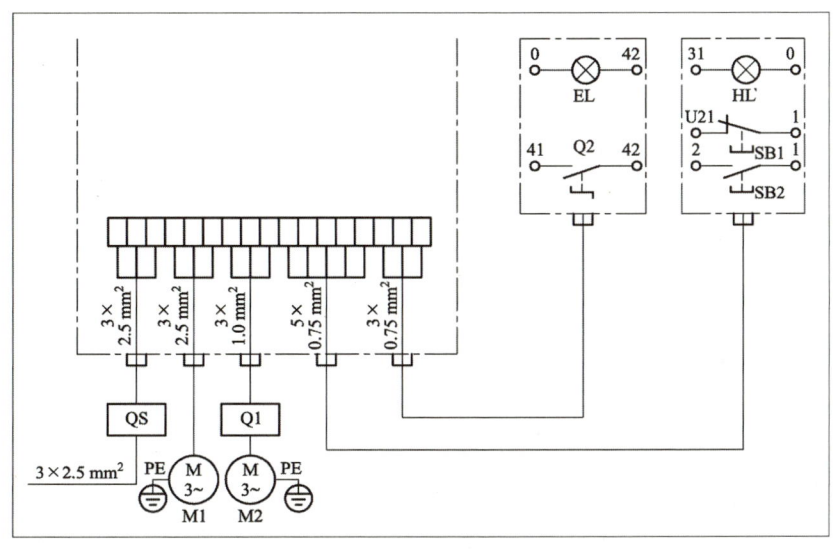

图 2-1-3　CW6132 型车床电气接线图

二、导线的选择

目前工程应用实践过程中较为流行的"电动机配导线口诀"是按照三相 380 V 交流电动机容量直接选配导线的,该口诀为"1.5 加二","2.5 加三","4 加四","6 后加六","25 后加五","50 后递增减五","百二导线,配百数"。该口诀所要表达的意思主要包括:

(1)"1.5 加二"表示 1.5 mm² 的铜芯塑料线,能配 3.5 kW 及以下的电动机。由于 4 kW 电动机接近 3.5 kW 的取用范围,而且该口诀又有一定的余量,所以在速查表中 4 kW 以下的电动机所选导线皆取 1.5 mm²。

(2)"2.5 加三""4 加四"表示 2.5 mm² 及 4 mm² 的铜芯塑料线分别能配 5.5 kW、8 kW 电动机。

(3)"6 后加六"表示从 6 mm² 开始,能配"加大六"kW 的电动机。6 mm² 的可配 12 kW 电动机,选相近规格即配 11 kW 电动机。10 mm² 可配 16 kW 电动机,选相近规格即配 15 kW 电动机。16 mm² 可配 22 kW 电动机。对于 18.5 kW 电动机,亦选 16 mm² 的铜芯塑料线。

(4)"25 后加五"表示从 25 mm² 开始,加数由六改为五,即 25 mm² 可配 30 kW 的电动机。35 mm² 可配 40 kW 电动机,选相近规格即配 37 kW 电动机。

(5)"50 后递增减五"表示从 50 mm² 开始,由加大变成减少,而且是逐级递增减五的。即 50 mm² 可配 45 kW 电动机(50–5);70 mm² 可配 60 kW(70–10)电动机,选相近规格即配备 55 kW 电动机;95 mm² 可配 80 kW(95–15)电动机,选相近规格即配 75 kW 电动机。

(6)"百二导线,配百数"表示 120 mm² 的铜芯塑料线可配 100 kW 电动机,选相近规格即 90 kW 电动机。

任务实施

本任务实施的内容主要结合 CW6132 普通车床电气原理图、元器件布置图和安装接线图开展。

一、识读 CW6132 普通车床的电气原理图

(一)CW6132 普通车床的主电路主要包括哪些元器件?

_____
_____
_____
_____
_____
_____
_____

（二）CW6132 普通车床的辅助电路主要包括哪些元器件？

（三）CW6132 普通车床主电路的电气连接以及注意事项。

（四）CW6132 普通车床辅助电路的电气连接以及注意事项。

(五) CW6132 普通车床工作原理是什么？

二、识读 CW6132 普通车床的元器件布置图

熟练区分 CW6132 普通车床位置图中各元器件。

三、识读 CW6132 普通车床的安装接线图

（一）熟练区分 CW6132 普通车床主电路的接线。

（二）熟练区分 CW6132 普通车床辅助电路的接线。

_____
_____
_____
_____
_____

技能评定

依据表 2-1-1 所示的评分标准进行技能评定。

表 2-1-1　评分标准

项目内容	配分	评分标准	扣分
识图能力以及动手能力	55	（1）准确分析电路的主电路和辅助电路（5分），否则不得分。 （2）按要求绘制各元器件的图形符号（10分），错一个扣一分直到扣完。 （3）正确标注电路中的文字符号（10分），标注错误扣1分；缺少标注1处扣1分；直到扣完为止。 （4）按照电路图进行线路布线，完全正确得15分；主电路正确得7分，辅助电路错一条支路扣2分。 （5）绘制的电路图线条清晰，线型正确，图纸干净整洁，完全合理（10分）；较合理（8分）；基本符合要求（5分）。 （6）按照要求完成电路图布线，元器件布局合理得5分，较合理4分，基本符合要求3分	
参与情况	20	（1）出勤情况（20分），旷课1个学时扣5分。 （2）课程练习情况（20分）：主动练习并与教师互动得20分；表现较好得10分；表现一般得5分	
工作进度	25	电路图绘制及布线（25分）：能按时完成任务者得25分；每延迟1学时扣5分，直至扣完为止	
安全文明生产		违反安全文明生产规程，扣10~70分	
定额时间		训练时间为30 min。训练不允许超时，修复故障允许超时。训练每超时5 min（不足5 min 以 5 min 计）扣5分	
备注	除定额时间外，各项内容的最高扣分不得超过配分数	成绩	
开始时间		结束时间	实际时间	

总结与评价

总结与评价的内容主要包括：
（1）总结本任务的主要知识点和技能，评价学生在任务实施过程中的表现。
（2）以小组为单位，进行工作总结，制作工作总结汇报资料，以演示文稿、展板、视频等方式汇报工作，展示成果。
（3）填写表 2-1-2 所示的工作评价表相关内容。

表 2-1-2　工作评价表

项目	评价内容	考核指标	分值	自评	互评	师评
一、职业能力（70分）						
任务实施过程	明确工作任务	清楚工作任务内容	2			
		制订工作计划详细、可行	2			
		分工明确、合理	2			
	工作准备	工具、材料和元器件清单正确	4			
		具备相关的专业知识	10			
		工艺文件（布局图和接线图）识读正确	10			
	任务执行过程	执行元件检测，检测方法与结果正确	2			
		工具、设备完好	2			
		安全作业、文明生产	2			
		创新能力和解决问题能力	4			
任务成果质量	电路工艺	电路安装规范、美观、质量好	10			
	电路功能	电路功能正确	20			
二、个人素养（30分）						
遵守纪律	遵守课堂纪律	迟到扣2分、早退扣2分	5			
	遵守实训车间的规章制度	优秀、基本达标、不合格	5			
学习态度	认真完成学习任务	优秀、基本达标、不合格	5			
	工作精益求精、严谨求实	优秀、基本达标、不合格	5			
团队和创新精神	良好沟通、团队合作	优秀、基本达标、不合格	5			
	积极思考、敢于创新	优秀、基本达标、不合格	5			
总分			100			
教师签名：						

分析与思考

绘制点动控制电路电气原理图和接线图，注意交流接触器线圈的额定电压为220 V。图纸布局如图2-1-4所示，要求使用铅笔、直尺绘制。

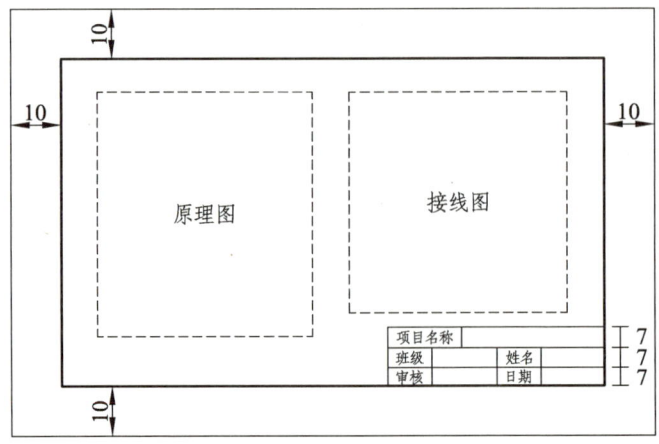

图 2-1-4　图纸布局

任务 2.2　电动机点动控制电路的安装与调试

> 任务描述

在图 2-2-1 所示普通机床的机床刀架、横梁、立柱等快速移动和机床对刀时,按下按钮电动机起动运转,松开按钮电动机停止运转,这种运转方式叫作点动。那么如何实现这种"一点就动、松开不动"的点动控制方式呢?

图 2-2-1　普通机床

> 任务目标

(1)掌握电动机点动主电路和控制电路。
(2)掌握电动机点动控制电路的系统原理、功能、用途以及电气元件之间的布置、连接和安装关系。
(3)掌握电动机点动主电路和控制电路的安装、调试方法。

> 任务准备

图 2-2-2 所示的三相异步电动机点动电路原理图,明确了电路所用元器件及其作用。电路的主电路由空气断路器、熔断器和交流接触器主触点组成,控制电路由熔断器、启动按钮、交流接触器线圈组成。接通电源(按下 QS),按下起动按钮 SB,交流接触器线圈 KM 得电,KM 主

触点吸合，接通主电路，电动机 M1 运转；松开起动按钮 SB，交流接触器线圈 KM 失电，KM 主触点分离，断开主电路，电动机 M1 停止运转。

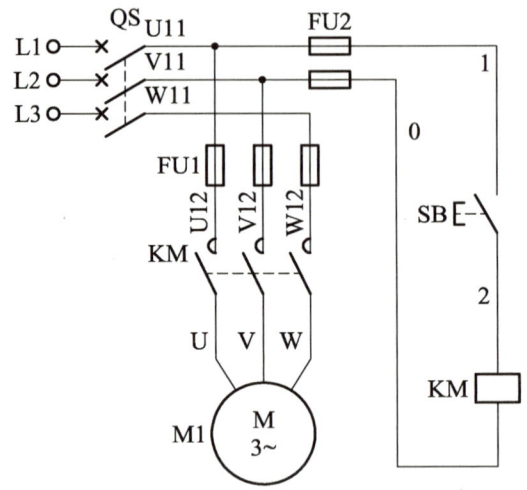

图 2-2-2　点动电路原理图

一、点动电路的概念及应用

点动是指电动机较短时间的转动。按下起动按钮，电动机旋转；松开起动按钮，电动机断电停止运行。电动机点动控制的应用较广，如 CA6140 型普通车床的刀架快速移动。

二、点动电路原理图分析

由图 2-2-2 可知，闭合电源开关 QS 接通三相交流电源，可实现的操作主要包括：

（1）电动机起动。

按下起动按钮 SB，控制电路中交流接触器 KM 的线圈通电，主电路中 KM 的主触点闭合，电源为电动机 M1 供电，电动机 M1 得电起动运行。

2. 电动机停止

松开起动按钮 SB，控制电路中交流接触器 KM 的线圈断电，主电路中 KM 的主触点断开，电动机 M1 与电源脱离，电动机 M1 失电停止运行。

综上所述，点动电路要实现电动机连续运行，必须始终用手按住起动按钮。

一、实训准备

实训需要准备的工器具主要包括：

（1）工具。

实训需要准备的工具主要包括螺钉旋具（十字槽、一字槽）、试电笔、剥线钳、尖嘴钳、钢丝钳等。

（2）仪表。

实训需要准备的仪表包括万用表（数字或模拟的均可）。

（3）器材。

实训需要准备的器材主要包括：

①低压断路器 1 个。

②熔断器 5 个(9)

③交流接触器 1 个。

④热继电器 1 个。

⑤按钮 2 个（红、绿各 1 个）或组合按钮 1 个（按钮数 2~3 个）。

⑥接线端子板 1 个（10 段左右）。

⑦三相交流异步电动机 1 台。

⑧安装网孔板 1 块和导线若干。

二、检测元器件

按照操作规范流程，检测并记录表 2-2-1 所示的元器件。

表 2-2-1　元器件记录表

序号	名称	型号与规格	数量	是否合格	更换或维修
1	三相异步电动机				
2	熔断器				
3	低压断路器				
4	交流接触器				
5	按钮				
6	端子板				
7	网孔板				
8	塑料硬铜线				
	合计				

三、安装与接线

（一）识读元器件布置图并安装元器件

根据图 2-2-3 所示的电动机单向起动电路的元器件布置图，在控制板上进行元器件的布置与安装。各元器件的安装位置应整齐、匀称、间距合理，便于元器件的更换；紧固元器件时要用力均匀，如在紧固熔断器、接触器等易碎元器件时应用手按住元器件，轻轻摇动并用旋具轮流旋紧对角线上的螺钉，直至手感受到摇不动后再适度旋紧一些即可。

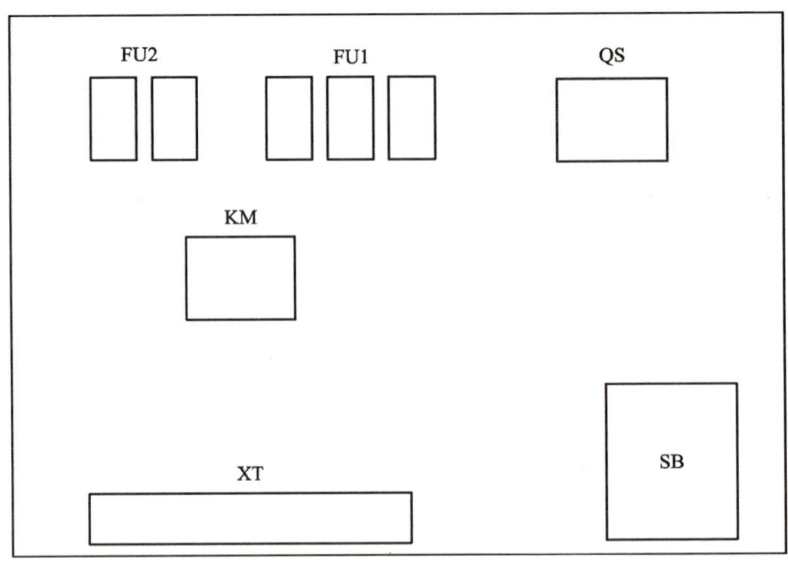

图 2-2-3　单向起动电路的元器件布置图

（二）接线

按照图 2-2-4 所示的单向起动电路的安装接线图进行板前明线布线，板前明线布线的工艺要求主要包括：

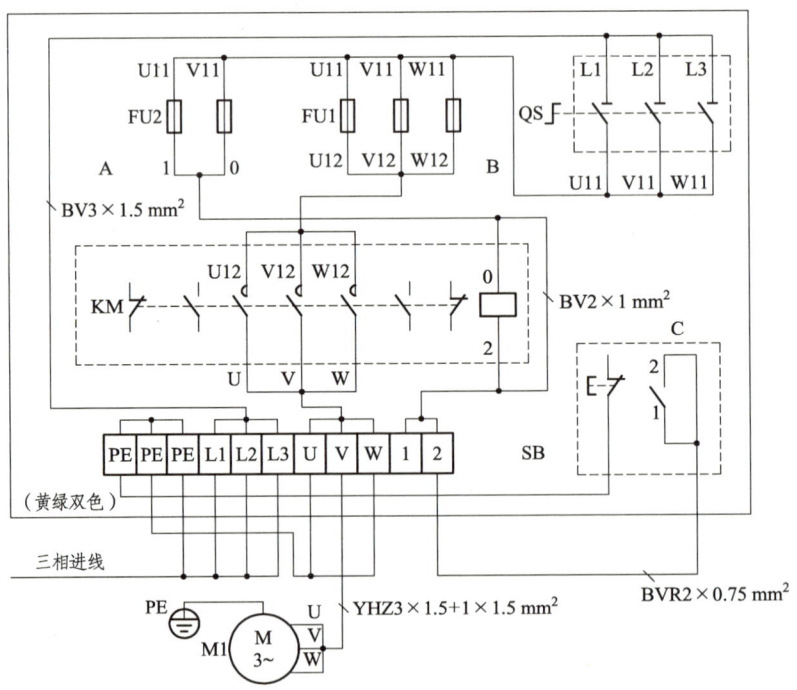

图 2-2-4　单向起动电路的安装接线图

（1）电路走线、控制电路分类集中，单层密排，紧贴安装面布线。
（2）安装面的导线应高低一致或前后一致，走线合理，不能交叉或架空。

（3）螺栓式接线端子，导线连接时应按顺时针旋转；瓦片式接线端子，导线连接时直线插入接线端子固定即可。导线连接不能挤压绝缘层，也不能裸露过长铜线。

（4）布线应横平竖直，分布均匀，变换走向时应垂直。

（5）布线时严禁损伤线芯和导线绝缘。

（6）从一个接线端子（或接线桩）到另一个接线端子的导线必须完整，中间无接头。

（7）一个元器件接线端子上的连接导线不得多于两根。

（8）进出线应合理汇集在端子板上。

（三）检查控制板布线

根据安装接线图检查控制板布线是否正确。

（四）安装电动机

根据安装接线图安装电动机。

（五）安装接线注意事项

安装元器件以及接线时的注意事项主要包括：

（1）按钮内接线时，用力不可过猛，防止螺钉打滑。

（2）按钮内部的接线不要接错，起动按钮必须接动合（常开）触点（可用万用表的欧姆挡判别）。

（3）每个接头只能接两根线。

（4）电动机外壳必须可靠接 PE 线（保护接地）。

四、不通电测试、通电测试及故障排除

（一）不通电测试

不通电测试的内容主要包括：

（1）按照电气原理图或安装接线图，从电源端开始逐段核对接线及接线端子处是否正确、有无漏接和错接之处。检查导线接线端子是否符合要求，压接是否牢固。

（2）利用万用表检查电路的通断情况。检查时应选用倍率适当的电阻挡并进行校零，以防短路故障发生。

（3）检查控制电路时（可断开主电路），将万用表表笔分别搭在 FU2 的进线端（W11）和零线（N）上，此时读数应为 ∞。按下起动按钮 SB 时，读数应为接触器线圈的电阻值；压下接触器 KM 的衔铁，读数也应为接触器线圈的电阻值。

检查主电路时（可断开控制电路），可以用手压下接触器的衔铁来代替接触器得电吸合时的情况进行检查，依次测量从电源端（L1、L2、L3）到电动机出线端子（U、V、W）上的每一相电路的电阻值，检查是否存在开路现象。

（二）通电测试

通电测试的内容主要包括：

(1)合上断路器 QS，引入三相电源，按下起动按钮 SB，接触器 KM 的线圈通电，衔铁吸合，接触器的主触点闭合，电动机接通电源直接起动运转。

(2)松开 SB 时，KM 线圈失电，电动机停止。

(三)故障排除

操作过程中，如果出现不正常现象，应立即断开电源，分析故障原因，仔细检查电路，在实训老师检查认可后再通电调试。

技能评定

一、安装、接线评定（30分）

安装、接线的考核要求及评分标准见表 2-2-2。

表 2-2-2　安装、接线的考核要求及评分标准

内 容	考核要求	评分标准	扣 分
接线端	对螺栓式接线端子，连接导线时应按顺时针旋转；对瓦片式接线端子，连接导线时直接插入接线端子固定即可	一处错误扣2分	
	严禁损伤线芯和导线绝缘，接点上不能裸露太多铜丝	一处错误扣2分	
	每个接线端子上连接的导线根数一般以不超过两根为宜，并保证接线牢固	一处错误扣1分	
电工工艺	走线合理，做到横平竖直、整齐，各节点不能松动	一处错误扣1分	
	导线出线应留有一定余量，并做到长度一致	一处错误扣1分	
	导线变换走向要垂直，并做到高低一致或前后一致	一处错误扣1分	
	避免出现交叉线、架空线、缠绕线和叠压线的现象	一处错误扣2分	
	导线折弯应折成直角	一处错误扣1分	
整体布局	板面电路应合理汇集成线束	一处错误扣1分	
	进出线应合理汇集在端子板上	一处错误扣1分	
	整体走线应合理美观	酌情扣分	

二、不通电测试评定（20分，每错一处扣5分，扣完为止）

不通电测试的评定内容主要包括：

(1)主电路测试。使用万用表电阻挡，合上电源开关 QS，压下接触器 KM 衔铁，使 KM 主触点闭合，测量从电源端到电动机出线端子上的每一相电路，将电阻值填入表 2-2-3。

(2)控制电路测试。按下 SB 按钮，测量控制电路两端，将电阻值填入表 2-2-3。压下接触器 KM 衔铁，测量控制电路两端，将电阻值填入表 2-2-3。

表 2-2-3　三相笼型异步电动机单向起动控制电路的不通电测试记录

测试电路	电路				
	主电路			控制电路（W11-N）	
操作步骤	合上 QS，压下 KM 衔铁			按下 SB	压下 KM 衔铁
电阻值/Ω	L1-U	L2-V	L3-W		

三、通电测试评定（50 分，每错一处扣 10 分，扣完为止）

在使用万用表检测后，加载电源后再进行通电测试。注意点动测试不能持续按下按钮，否则会损坏电动机及其电路。

按照顺序测试电路各项功能，将测试结果填入表 2-2-4。测试过程中每错一项扣 10 分。如果出现某项功能错误，则后面的功能均算错。

表 2-2-4　三相笼型异步电动机单向起动控制电路的通电测试记录

操作步骤	合上 QS	按下 SB	松开 SB	再次按下 SB
电动机动作或接触器吸合情况				

四、7S 管理

任务完成后拆线，整理工位，该区域由本人负责。

总结与评价

总结与评价的内容主要包括：

（1）总结本任务的主要知识点和技能，评价学生在任务实施过程中的表现。

（2）以小组为单位，进行工作总结，制作工作总结汇报资料，以演示文稿、展板、视频等方式汇报工作，展示成果。

（3）填写表 2-2-5 所示的工作评价表相关内容。

表 2-2-5　工作评价表

项目	评价内容	考核指标	分值	自评	互评	师评
		一、职业能力（70 分）				
任务实施过程	明确工作任务	清楚工作任务内容	2			
		制订工作计划详细、可行	2			
		分工明确、合理	2			
	工作准备	工具、材料和元器件清单正确	4			
		具备相关的专业知识	10			
		工艺文件（布局图和接线图）识读正确	10			

续表

一、职业能力（70分）						
任务执行过程		执行元件检测，检测方法与结果正确	2			
		工具、设备完好	2			
		安全作业、文明生产	2			
		创新能力和解决问题能力	4			
任务成果质量	电路工艺	电路安装规范、美观、质量好	10			
	电路功能	电路功能正确	20			
二、个人素养（30分）						
遵守纪律	遵守课堂纪律	迟到扣2分、早退扣2分	5			
	遵守实训车间的规章制度	优秀、基本达标、不合格	5			
学习态度	认真完成学习任务	优秀、基本达标、不合格	5			
	工作精益求精、严谨求实	优秀、基本达标、不合格	5			
团队和创新精神	良好沟通、团队合作	优秀、基本达标、不合格	5			
	积极思考、敢于创新	优秀、基本达标、不合格	5			
总分			100			

教师签名：

分析与思考

一、本实训任务用到了哪些电气元件？具体型号是什么？怎样选择参数？

二、日常的生产生活中，哪些电动机采用电动控制方式？

任务 2.3　电动机长动控制电路的安装与调试

任务描述

在机床运转（如图 2-3-1 所示）、车床车削、水泵抽水等场合，常要求电动机启动后能够连续运转。为了实现电动机的连续控制，可采用接触器自锁的单向连续控制电路，即所谓的长动控制。那么如何实现电动机的长动控制呢？

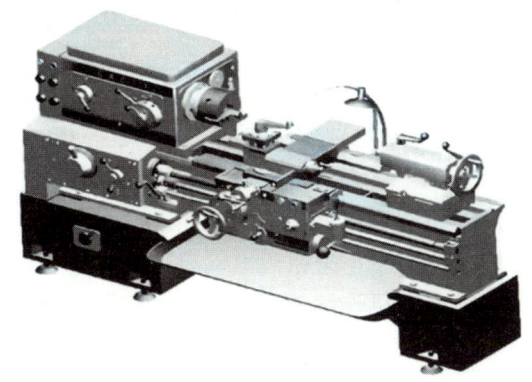

图 2-3-1　机床主轴转动

任务目标

（1）掌握电动机长动主电路和控制电路。
（2）掌握电动机长动控制电路的系统原理、功能、用途以及电气元件之间的布置、连接和安装关系。
（3）掌握电动机长动主电路和控制电路的安装、调试方法。

任务准备

图 2-3-2 所示的三相异步电动机长动起动电路原理图，明确了电路所用的元器件及其作用。该电路的主电路由空气断路器、熔断器和交流接触器主触点、热继电器热元件等组成，控制电路由熔断器、起动按钮、停止按钮、热继电器常闭触点、交流接触器常开触点和线圈等组成。接通电源（按下 QS），当按下起动按钮 SB2，交流接触器 KM 线圈得电，接触器 KM 常开触点闭合，能够让线圈始终保持在接通状态，接触器 KM 常开主触点闭合，主电路接通，电动机保持持续转动；按下停止按钮 SB1，交流接触器线圈失电，主触点分离断开主电路，电动机停止运转。

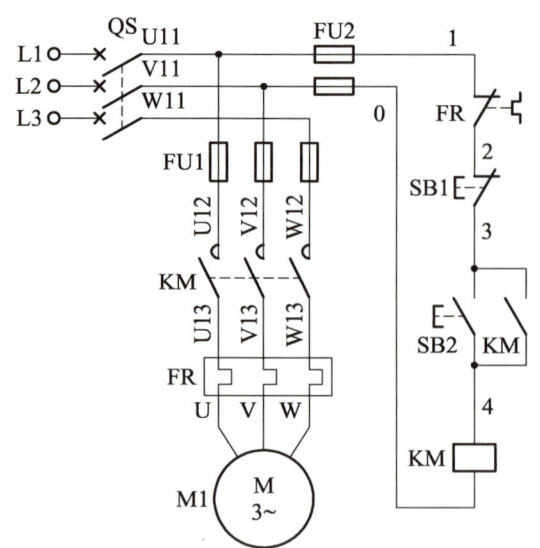

图 2-3-2 长动控制电路图

一、长动控制的定义及应用

长动控制电路是指用手按下按钮后电动机得电运行,松开手后接触器利用常开辅助触头自锁,电动机依然得电运行,只有按下停止按钮后电动机才会失电停止运行。

机床在正常加工过程中主轴电动机连续旋转,车床的刀架、铣床的工作台等也需要连续控制,这些都是长动控制。CA6140 型普通车床的主轴电动机就是长动控制。电动机的长动控制电路能实现起动、保持、停止,也称"起保停"电路。

二、长动电路原理图

电动机长动电路原理图如图 2-3-2 所示,该类电路主要控制电动机的起动、停止,同时电路具有保护功能。

(一) 电动机的起动与停止

1. 电动机起动

按下起动按钮 SB2,接触器线圈 KM 得电,主电路中接触器 KM 主触点闭合,电动机通电运行;控制电路接触器常开辅助触点闭合,松开启动按钮 SB2,接触器 KM 线圈持续通电,电动机持续运转。

2. 电动机停止

按下停止按钮 SB1,接触器 KM 线圈断电,接触器 KM 主触点断开,电动机断电停止运行。

3. 电动机起动自锁

利用接触器的常开辅助触点使其线圈保持连续通电的控制环节称为自锁,与起动按钮 SB2 并联的接触器常开辅助触点称为自锁触点。

综上所述,长动控制与点动控制的区别是控制电路能否自锁功能。

(二)电路中的保护环节

电动机的长动电路具有欠电压保护、零电压保护、短路保护、过载保护等。

1. 欠电压保护

电动机在运行过程中,电源电压下降,电动机的电流就会增大,电压下降严重时可能烧坏电动机。在接触器自锁电路中,当电源电压下降很多(一般低于额定电压的85%),接触器的电磁吸力小于复位弹簧的反作用力,动铁心释放,主触点和自锁触点断开,电动机断电停止,从而实现了欠电压保护。

2. 零电压保护

零电压保护也称失电压保护,是指电动机正在运行时突然停止供电,电路自动切断电动机电源,在供电恢复时电路不会自行接通的一种保护功能。如果未加防范导致电路在供电恢复时自行接通,电动机自行起动,很容易造成设备或人身事故。采用接触器自锁控制的电路,由于控制电路中的自锁触点和主电路中的主触点在停电时已经断开,系统恢复供电时电路不会自行接通。

3. 短路保护

图 2-3-2 中 FU1、FU2 分别作为主电路和控制电路的短路保护。当主电路或控制电路短路时,FU1 或 FU2 自动迅速地熔断,切断故障电路,从而起到保护电路的作用。

4. 过载保护

图 2-3-2 中热继电器 FR 作为过载保护。当电动机过载时,流过主电路的热继电器热元件的电流较大,控制电路中热继电器动断触点断开,使接触器 KM 的线圈断电,接触器 KM 的主触点和自锁触点都断开,从而使电动机断电停止,起到过载保护作用。

任务实施

一、实训准备

实训需要准备的工器具主要包括:
(1)工具。
实训需要准备的工具包括螺丝刀(十字、一字)、电笔、剥线钳、尖嘴钳、老虎钳等。
(2)仪表。
实训需要准备的仪表包括兆欧表、万用表。
(3)器材。
实训需要准备的器材包括:
①低压断路器 1 只。
②螺旋式熔断器 5 只。
③交流接触器 1 只。
④热继电器 1 只。
⑤按钮 2 只(红、绿各 1)或组合按钮 1 只(按钮数 2~3)。
⑥接线端子排 1 个(10 节左右)。

⑦三相交流异步电动机 1 台。
⑧安装网孔板和导线若干。

二、检测元器件

按照操作规范流程检测并记录表 2-3-1 所示的元器件。

表 2-3-1　元器件记录表

序号	名称	型号与规格	数量	是否合格	更换或维修
1	三相异步电动机				
2	熔断器				
3	热继电器				
4	低压断路器				
5	交流接触器				
6	按钮				
7	端子板				
8	网孔板				
9	塑料硬铜线				
合计					

三、安装与接线

（一）识读元器件布置图并安装

电动机长动电路的元器件布置图如图 2-3-3 所示，根据该布置图进行元器件的安装。

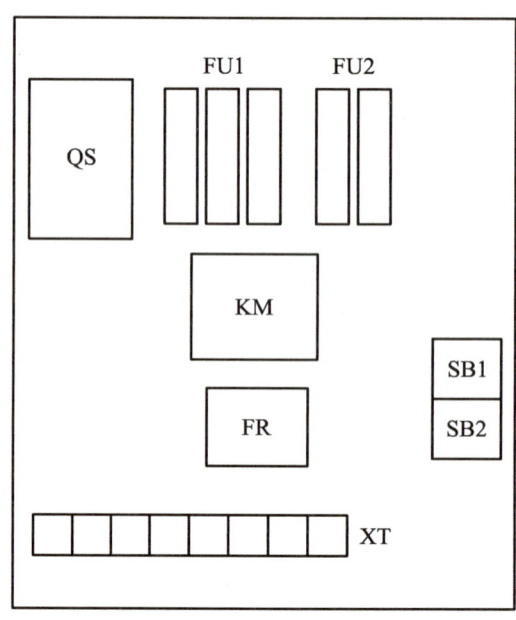

图 2-3-3　长动电路元器件布置图

1. 热继电器 FR 的安装与使用要求

热继电器 FR 的安装与使用要求主要包括：

（1）热继电器必须按照产品说明书中规定的方式安装，安装处的环境温度应与电动机所处环境温度基本相同。当与其他电器安装在一起时，应注意将热继电器安装在其他电器的下方，以免其他电器发热对热继电器的动作特性产生影响。

（2）安装时，应清除触头表面尘污。

（3）热继电器出线端的连接导线，应按照相关规范的规定选用。

（4）定期通电校验热继电器。

（5）热继电器在出厂时均设定为手动复位方式。如果需要自动复位，只要将复位螺钉沿顺时针方向旋转 3~4 圈并稍微拧紧即可。

（6）热继电器在使用过程中，应定期清洁尘埃和污垢。若发现双金属片上有锈斑，应用清洁棉布蘸上汽油轻轻擦除，切忌用砂纸打磨。

（7）电动机过载动作后，若再次启动电动机，必须待热继电器冷却后才能使热继电器复位。一般热继电器自动复位时间不大于 5 min，手动复位时间不大于 2 min。

2. 安装固定及工艺

根据元器件布局图以及元件外形尺寸，在控制板上画线，确定安装位置。元器件固定安装后，贴上醒目的文字符号。元器件的实物布置图和长动电路接线实物图分别如图 2-3-4 和图 2-3-5 所示。

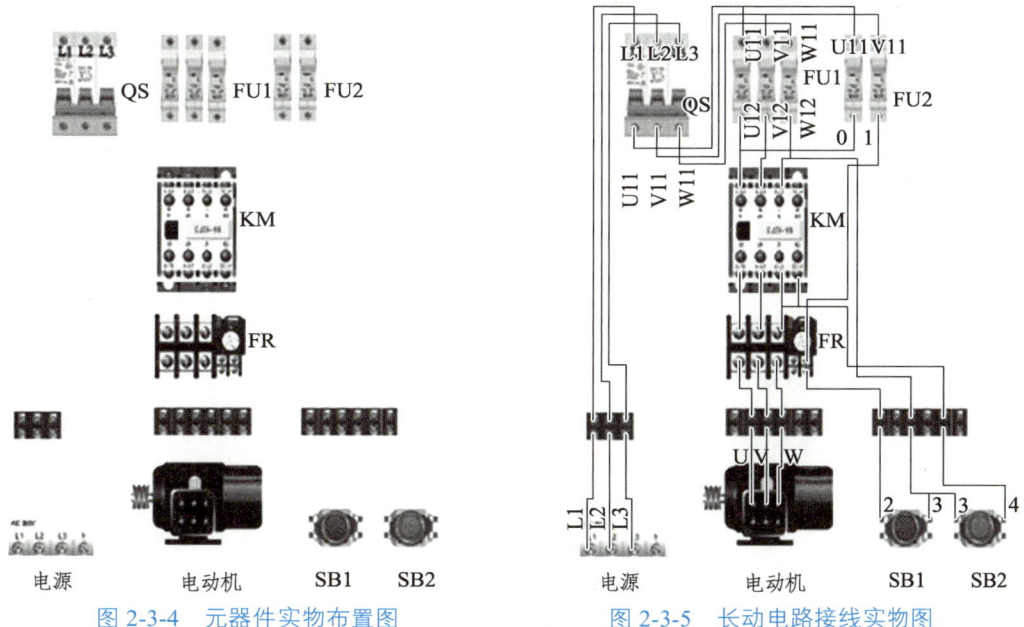

图 2-3-4　元器件实物布置图　　　图 2-3-5　长动电路接线实物图

（二）布线工艺

长动电路接线图如图 2-3-6 所示，其布线工艺主要包括：

（1）按照接线图的走线方法，进行板前明线布线和套管编码。

（2）按钮内接线时，用力不可过猛，以防螺钉打滑。

（3）停止按钮应串接在控制电路中。

（4）接触器自锁触头应并接在起动按钮的两端。

（5）套管编码要正确。

（6）热继电器的常闭触点应串接在控制电路中，热元件应串接在主电路中。

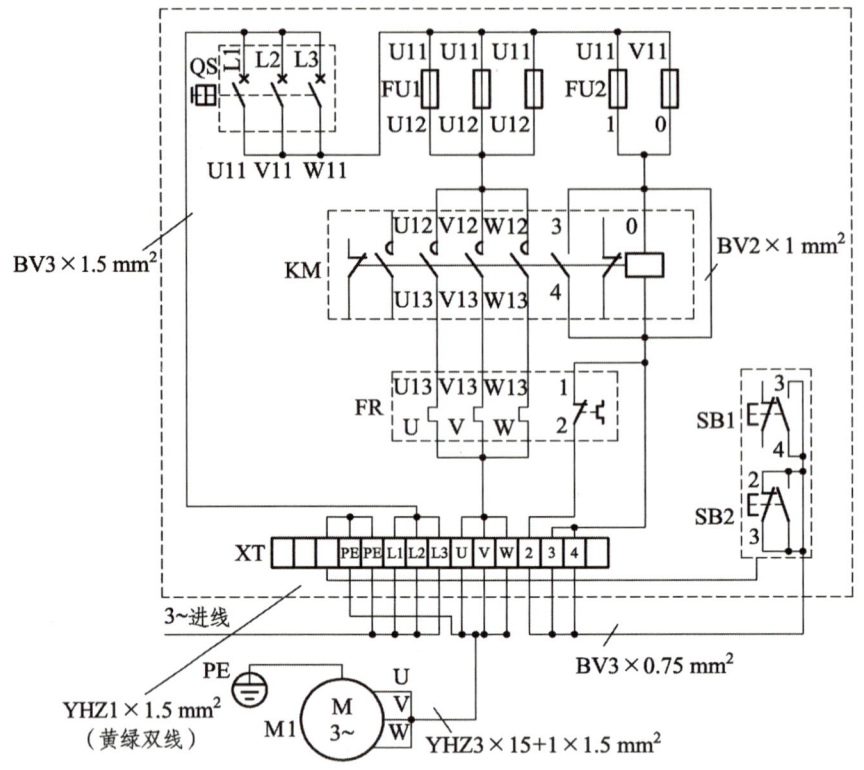

图 2-3-6　长动控制电路的接线图

（三）检查控制板布线

根据安装接线图检查控制板布线是否正确。

（四）安装电动机

实训中，三相交流电动机的定子绕组可按三角形或星形连接进行接线，如图 2-3-7 所示。

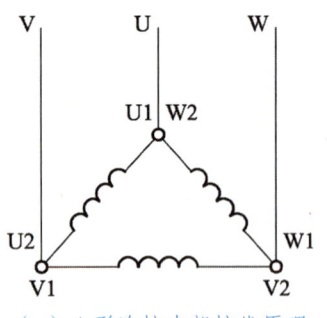

（a）△形连接内部接线原理

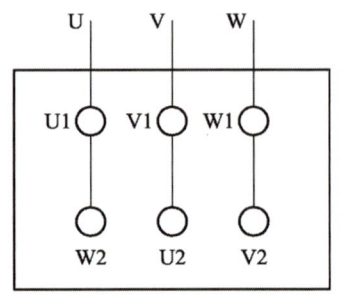

（b）△形连接外部端子接线

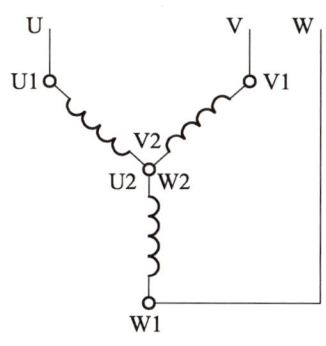
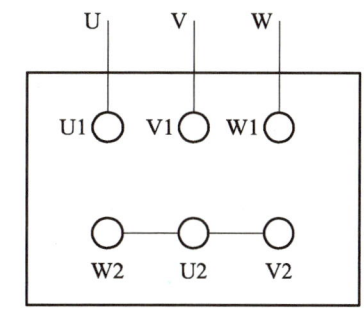

（c）Y形连接内部接线原理　　　　　（d）Y形连接外部端子接线

图 2-3-7　电动机两种接线方法

在电动机的安装过程中，按照安装接线图进行操作。

（五）安装注意事项

电动机线路的安装步骤分为元器件的安装、控制板线槽内配线、控制板外部配线。

1. 元器件的安装

利用紧固件将元器件安装在控制板的相应位置，在布线通道安装走线槽并贴上醒目的文字符号。

安装电气元件和走线槽时，应做到横平竖直、安装牢固、排列整齐和便于走线，紧固元件时要注意受力均匀、适度，以防损坏元件。

2. 槽内配线

根据电路图配线。线路连接时，注意导线颜色的选择。配线时，进入线槽的导线要完全置于走线槽内并能盖上盖板，各节点不能松动。槽内配线的具体要求主要包括：

（1）布线时，严禁损伤线芯和导线绝缘层。

（2）槽内导线要尽可能避免交叉，交叉容量不超过总容量的70%。

（3）外露导线尽量做到横平竖直，变换走向要垂直。

（4）电气元件接线端子上引出或引入的导线，除特殊情况外必须经过走线槽进行连接。

（5）电气元件接线端子引出导线的走向，以元件的水平中心线为界线。水平中心线以上端子引出的导线必须进入元件上面的走线槽，下部端子引出的导线进入下面的走线槽。

（6）所有导线与接线端子的连接必须牢固，不得松动。

3. 外部接线

控制板外部接线时必须对导线采取适当的机械保护措施，以确保安全。如电动机或可调整部件上电气设备的配线，可以采用多芯橡皮线或塑料护套软线。

四、不通电测试、通电测试及故障排除

（一）不通电测试

不通电测试的内容主要包括：

（1）按照电气原理图或安装接线图，从电源端开始逐段核对接线及接线端子处是否正确，有无漏接、错接之处。检查导线接线端子是否符合要求，压接是否牢固。

（2）用万用表检查电路的通断情况。检查时应选用倍率适当的电阻挡并进行校零，以防短路故障的发生。

（3）检查控制电路时（可断开主电路）将万用表表笔分别搭在 FU2 的进线端（W11）和零线（N）上，此时读数应为∞。按下起动按钮 SB2 时，读数应为接触器线圈的电阻值；压下接触器 KM 的衔铁，读数也应为接触器线圈的电阻值。

检查主电路时（可断开控制电路），可以用手压下接触器的衔铁来代替接触器得电吸合的情况，依次测量从电源端（L1、L2、L3）到电动机出线端子（U、V、W）上的每一相电路的电阻值，检查是否存在开路现象。

（二）通电测试

电动机通电测试的内容主要包括：

（1）合上断路器 QS，引入三相电源，按下起动按钮 SB2，接触器 KM 的线圈通电，衔铁吸合，接触器的主触点闭合，电动机接通电源直接起动运转。

（2）松开 SB2 时，KM 线圈失电，电动机停止。

（三）故障排除

操作过程中，如果出现不正常现象，应立即断开电源，分析故障原因，仔细检查电路（使用万用表），在实训老师认可的情况下才能再通电调试。

技能评定

一、安装、接线评定（30分）

安装、接线的考核要求及评分标准见表 2-3-2。

表 2-3-2　安装、接线的考核要求及评分标准

内容	考核要求	评分标准	扣分
接线端	对螺栓式接线端子，连接导线时应按顺时针旋转；对瓦片式接线端子，连接导线时直接插入接线端子固定即可	一处错误扣 2 分	
	严禁损伤线芯和导线绝缘层，接点上不能露太多铜丝	一处错误扣 2 分	
	每个接线端子上连接的导线根数一般以不超过两根为宜，并保证接线牢固	一处错误扣 1 分	
电工工艺	走线合理，做到横平竖直、整齐，各节点不能松动	一处错误扣 1 分	
	导线出线应留有一定余量、长度一致	一处错误扣 1 分	
	导线变换走向要垂直，并做到高低一致或前后一致	一处错误扣 1 分	
	避免出现交叉线、架空线、缠绕线和叠压线的现象	一处错误扣 2 分	
	导线折弯应折成直角	一处错误扣 1 分	

续表

内容	考核要求	评分标准	扣 分
整体布局	板面电路应合理汇集成线束	一处错误扣 1 分	
	进出线应合理汇集在端子板上	一处错误扣 1 分	
	整体走线应合理美观	酌情扣分	

二、不通电测试评定（20 分，每错一处扣 5 分，扣完为止）

不通电测试的评定内容主要包括：

（1）主电路测试。

合上电源开关 QS，压下接触器 KM 衔铁，使 KM 主触点闭合，利用万用表电阻挡测量从电源端到电动机出线端子上的每一相电路，将电阻值填入表 2-3-3。

（2）控制电路测试。

按下 SB2 按钮，利用万用表电阻挡测量控制电路两端，将电阻值填入表 2-3-3。压下接触器 KM 衔铁，测量控制电路两端，将电阻值填入表 2-3-3。

表 2-3-3　三相笼型异步电动机长动控制电路的不通电测试记录

测试电路	电路				
	主电路			控制电路（W11-N）	
操作步骤	合上 QS，压下 KM 衔铁			按下 SB2	压下 KM 衔铁
电阻值/Ω	L1-U	L2-V	L3-W		

三、通电测试评定（50 分，每错一处扣 10 分，扣完为止）

通电测试的评定内容主要包括：

（1）使用万用表检测后，加载电源进行通电测试。

（2）按照顺序测试电路各项功能，每错一项扣 10 分。如果出现某项功能错误，则后面的功能均算错。将测试结果填入表 2-3-4。

表 2-3-4　三相笼型异步电动机长动控制电路的通电测试记录

操作步骤	合上 QS	按下 SB1	按下 SB2	松开 SB2	再次按下 SB1
电动机动作或接触器吸合情况					

四、7S 管理

任务完成后拆线，整理工位，该区域由本人负责。

总结与评价

总结与评价的内容主要包括:

(1) 总结本任务的主要知识点和技能,评价学生在任务实施过程中的表现。

(2) 以小组为单位,进行工作总结,制作工作总结汇报资料,以演示文稿、展板、视频等方式汇报工作,展示成果。

(3) 填写表 2-3-5 所示的工作评价表相关内容。

表 2-3-5 工作评价表

项目	评价内容	考核指标	分值	自评	互评	师评
一、职业能力(70分)						
任务实施过程	明确工作任务	清楚工作任务内容	2			
		制订工作计划详细、可行	2			
		分工明确、合理	2			
	工作准备	工具、材料和元器件清单正确	4			
		具备相关的专业知识	10			
		工艺文件(布局图和接线图)识读正确	10			
	任务执行过程	执行元件检测,检测方法与结果正确	2			
		工具、设备完好	2			
		安全作业、文明生产	2			
		创新能力和解决问题能力	4			
任务成果质量	电路工艺	电路安装规范、美观、质量好	10			
	电路功能	电路功能正确	20			
二、个人素养(30分)						
遵守纪律	遵守课堂纪律	迟到扣2分、早退扣2分	5			
	遵守实训车间的规章制度	优秀、基本达标、不合格	5			
学习态度	认真完成学习任务	优秀、基本达标、不合格	5			
	工作精益求精、严谨求实	优秀、基本达标、不合格	5			
团队和创新精神	良好沟通、团队合作	优秀、基本达标、不合格	5			
	积极思考、敢于创新	优秀、基本达标、不合格	5			
总分			100			
教师签名:						

分析与思考

一、长动控制电路如何实现自锁？有何作用？

_____
_____
_____
_____
_____

二、试车时发现刚接通电路，电动机即正常运转，分析其原因。

_____
_____
_____
_____
_____

任务 2.4　电动机正反转控制电路的安装与调试

任务描述

工地上，起重机（如图 2-4-1）在不停地忙碌，操作人员按动上升、下降按钮，将厚重的钢板吊起到达合适的地方再放下，而上升与下降是由同一台电动机的正反转实现的，那么如何实现对电动机的正反转控制呢？

图 2-4-1　起重机

任务目标

（1）掌握电动机正反转主电路和控制电路。
（2）掌握电动机正反转控制电路的系统原理、功能、用途以及电气元件之间的布置、连接和安装关系。
（3）掌握电动机正反转主电路和控制电路的安装、调试方法。

任务准备

电动机正反转控制是通过主电路中的两组接触器主触点分别构成正转相序接线和反转相序接线来实现的。正转线圈得电，电动机正转；反转线圈得电，电动机反转。电动机正反转控制电路有两种，分别是接触器互锁电动机"正停反"控制电路、按钮与接触器双重互锁的电动机正反转控制电路。

一、电动机正反转的原理

改变电动机三相交流电源的相序就可以改变电动机旋转方向，即将接至三相异步电动机定子绕组的三相电源的任意两相对调接线，就可以实现电动机的正反转控制。

实现电动机正反转的控制电路类型较多，比较简单的方法是通过开关改变电源相序来实现电动机的正反转，这种方法仅适用于电动机容量小、正反转转换不频繁的场合。实现电动机正反转的一般方法是利用接触器控制的正反转控制电路。

二、电动机正反转控制电路

（一）接触器互锁的电动机正反转控制电路

图 2-4-2 所示为电动机的一种简单的正反转电路图，该电路采用两个交流接触器，其中 KM1 控制电动机的正转，KM2 控制电动机的反转。由 KM1 和 KM2 共同实现电动机电源相序的改变。

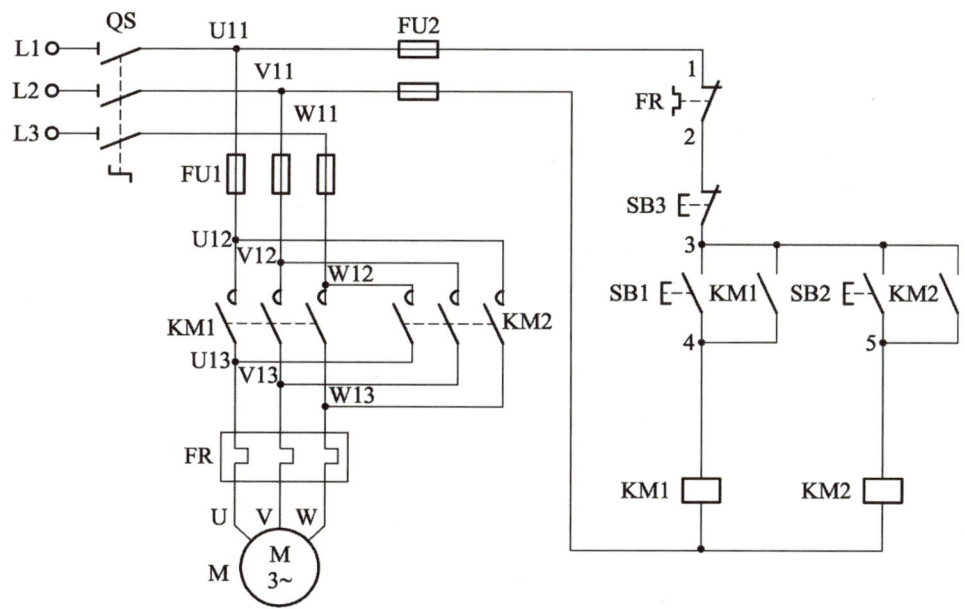

图 2-4-2　电动机的一种简单的正、停、反转电路图

由图 2-4-2 可知，电动机的一种简单的正、停、反转电路的工作原理主要包括：

（1）电动机正转。

按下 SB1，接触器 KM1 线圈得电，KM1 自锁触点闭合形成自锁；KM1 主触点闭合，电动机 M 正转。

（2）电动机停止运转。

按下 SB3，接触器 KM1 和 KM2 的线圈不得电，KM1 和 KM2 主触点不闭合，电动机 M 失电停止运转。

（3）电动机反转。

按下 SB2，接触器 KM2 线圈得电，KM2 自锁触点闭合形成自锁；KM1 主触点闭合，电动机 M 反转。

特别注意的是，在切换电动机正转和反转过程中，必须先按下停止按钮 SB3，使电动机断电停转，否则两个交流接触器 KM1、KM2 同时通电，其主触点同时接通，将造成主电路中电源对调的两相（图 2-4-2 中的 U 相和 W 相）短路。

为了避免上述短路事故，对其电机正反转控制电路进行改进，在接触器 KM1 和 KM2 的电路中分别串接对方的一个动断辅助触点，如图 2-4-3 所示。当一个接触器得电动作时，其动断辅助触点断开，使另一个接触器不能得电动作。接触器间这种相互制约的关系称为接触器互锁（或联锁），实现互锁作用的动断辅助触点称为互锁触点。

由图 2-4-3 可知，接触器互锁的电动机正反转控制电路的工作原理主要包括：

（1）电动机正转。

按下 SB1，KM1 线圈得电，KM1 自锁触点闭合形成自锁；KM1 主触点闭合，KM1 互锁触点断开，与 KM2 互锁，KM2 线圈不得电，电动机 M 连续运转。

（2）电动机反转。

按下 SB2，KM2 线圈得电，KM2 自锁触点闭合，形成自锁；KM2 主触点闭合，KM2 互锁触点断开，对 KM1 互锁，电动机 M 连续反转。

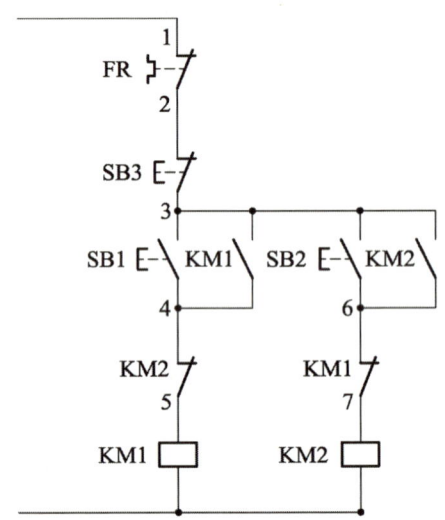

图 2-4-3 接触器互锁的电动机正反控制电路图

从上述分析可知，在接触器互锁的电动机正反转控制电路中，由于接触器的互锁作用，保证了主电路不会发生短路事故，安全可靠。

（二）按钮与接触器双重互锁的电动机正反转控制电路

为了操作方便，将图 2-4-3 的正转和反转的起动按钮改为复合按钮，可以实现正转和反转的直接转换，改进的电路图如图 2-4-4 所示。

按钮与接触器双重互锁的电动机正反转控制电路的工作原理主要包括：

（1）电动机正转。

按下 SB1，SB1 常闭触点先断开，对 KM2 互锁（切断反转控制电路）；SB1 常开触点后闭合，KM1 线圈得电，KM1 自锁触点闭合，形成自锁；KM1 主触点闭合；KM1 互锁触点断开，对 KM2 互锁，电动机 M 连续正转。

（2）电动机由正转切换到反转。

按下 SB2，SB2 常闭触点先断开，使 KM1 线圈断电，电动机 M 正转停止；SB2 常开触点后闭合，KM2 线圈得电，KM2 自锁触点闭合，形成自锁；KM2 主触点闭合；KM2 互锁触点断开，对 KM1 互锁，电动机 M 连续反转。

图 2-4-4 所示电路既有接触器的互锁，又有按钮的互锁，构成了按钮与接触器双重互锁的电动机正反转控制电路，操作方便，安全可靠。

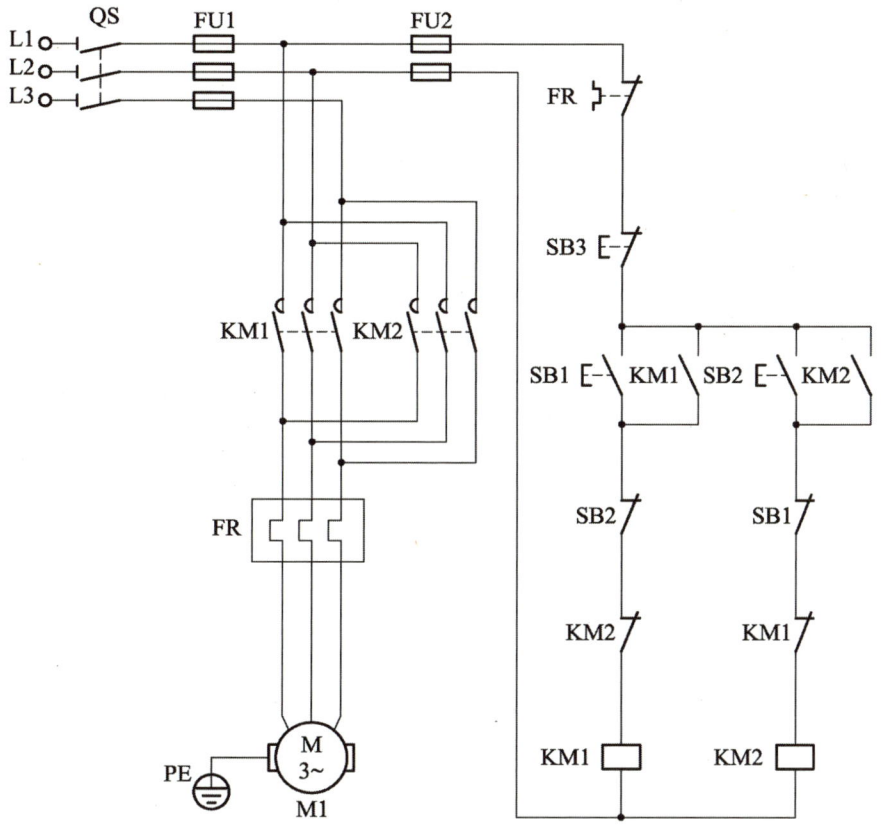

图 2-4-4　按钮与接触器双重互锁的电动机正反转控制电路

任务实施

一、实训准备

实训需要准备的工器具主要包括：

（1）工具。

实训需要准备的工具主要包括螺丝刀（十字、一字）、电笔、剥线钳、尖嘴钳、老虎钳等。

（2）仪表。

实训需要准备的仪表主要包括兆欧表、万用表。

（3）器材。

实训需要准备的器材主要包括：

①低压断路器 1 只。

②螺旋式熔断器 5 只。

③交流接触器 2 只。

④热继电器 1 只。

⑤按钮 3 只（红 1、绿 2）。

⑥接线端子排 1 个（10 节左右）。

⑦三相交流异步电动机 1 台。

⑧安装网孔板和导线若干。

二、检测元器件

按照操作规范流程检测并记录表 2-4-1 所示的元器件。

表 2-4-1　元器件记录表

序号	名称	型号与规格	数量	是否合格	更换或维修
1	三相异步电动机				
2	熔断器				
3	热继电器				
4	低压断路器				
5	交流接触器				
6	按钮				
7	端子板				
8	网孔板				
9	塑料硬铜线				
	合计				

三、安装与接线

（一）识读元器件布置图并安装元器件

电动机正反转控制电路的元器件布置图如图 2-4-5 所示，其安装固定的工艺可根据元件布局图和元件外形尺寸确定，在控制板上画线，确定安装位置。固定安装后贴上醒目的文字符号。

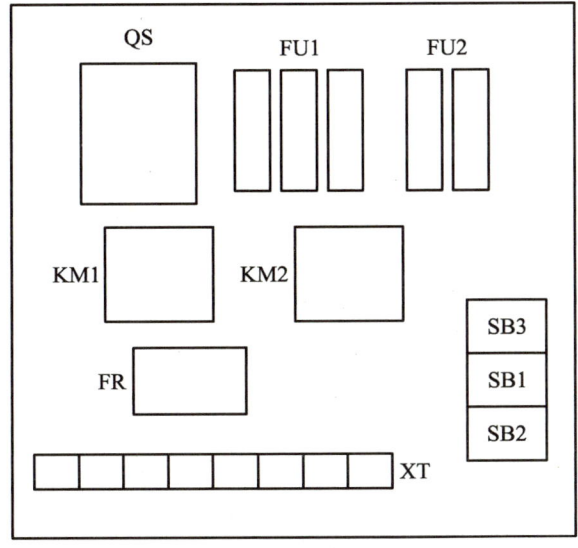

图 2-4-5　电动机正反转控制电路元器件布置图

（二）布线工艺

电动机正反转控制电路的接线图如图 2-4-6 所示，其布线工艺主要包括：

（1）接好主电路的连线。

（2）辅助电路接线时，可先做接触器的自锁线，然后做按钮联锁线，最后做辅助触头联锁线。

（3）由于辅助电路线号多，应做好连线核查。

（4）采用每做一条线就在接线图上标一个记号的办法，这样可以避免出现漏接、错接和重复接线的情况。

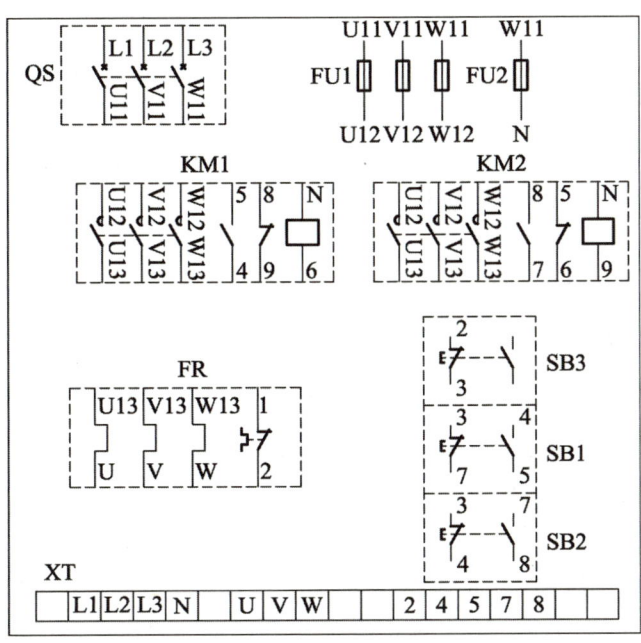

图 2-4-6　电动机正反转控制电路接线图

（三）检查控制板布线

根据安装接线图检查控制板布线是否正确。

（四）安装电动机

根据安装接线图安装电动机。

（五）安装接线注意事项

在进行电动机正反转控制电路的接线时应该注意的事项主要包括：
（1）对按钮内接线时，用力不可过猛，以防螺钉打滑。
（2）按钮内部的接线不要接错，起动按钮必须接动合（常开）触点（可用万用表的欧姆挡判别）。
（3）电路中两组接触器的主触点必须换相（输出端反相），否则不能反转。
（4）电动机外壳必须可靠接 PE（保护接地）线。

四、不通电测试、通电测试及故障排除

（一）不通电测试

对电动机正反转控制电路进行不通电测试的内容主要包括：
（1）按照电路图或接线图，从电源端开始逐段核对、检查接线接点有无漏接、错接之处，检查导线接线端子是否符合要求、压接是否牢固。
（2）用万用表检查线路的通断情况。检查时，万用表应选择适当倍率的电阻挡并进行校零，以防发生短路故障。

检查控制电路时（可断开主电路），可将万用表表笔分别搭在 FU2 进线端（W11）和零线（N）上，此时读数应为 ∞。按下正转起动按钮 SB1 或反转起动按钮 SB2，读数应为接触器 KM1 或 KM2 线圈的电阻值；用手压下 KM1 或 KM2 的衔铁，使 KM1 或 KM2 的动合（常开）触点闭合，读数也应为接触器 KM1 或 KM2 线圈的电阻值。同时按下 SB1 和 SB2 或者同时压下 KM1 和 KM2 的衔铁，万用表读数应为"∞"。

检查主电路时（可断开控制电路），用手压下接触器的衔铁来模拟接触器得电吸合的状态，依次测量从电源端到电动机出线端子上的每一相电路的电阻值，检查是否存在开路现象。
（3）兆欧表测量电路的绝缘电阻应不得小于 0.5 MΩ。

（二）通电测试

对电动机正反转控制电路进行通电测试的内容主要包括：
（1）合上断路器 QS，引入三相电源，按下正转起动按钮 SB1，KM1 线圈得电吸合并自锁，电动机正向起动运转。
（2）按下反转起动按钮 SB2，KM2 线圈得电吸合自锁，电动机反向起动运转。
（3）同时按下 SB1 和 SB2，KM1 和 KM2 线圈都不吸合，电动机不转。
（4）按下停止按钮 SB3，电动机停止工作。

(三) 故障排除

操作过程中如果出现不正常现象,应立即断开电源,分析故障原因,仔细检查电路(使用万用表),在实训老师检查认可后才能再通电调试。

技能评定

一、安装、接线评定(30分)

表 2-4-2 所示为安装、接线的考核要求及评分标准。

表 2-4-2 评分标准

内容	考核要求	评分标准	扣分
接线端	对螺栓式接线端子,连接导线时,应按顺时针旋转;对瓦片式接线端子,连接导线时,直接插入接线端子固定即可	一处错误扣2分	
	严禁损伤线芯和导线绝缘,接点上不能露太多铜丝	一处错误扣2分	
	每个接线端子上连接的导线根数一般以不超过两根为宜,并保证接线牢固	一处错误扣1分	
电工工艺	走线合理,做到横平竖直,整齐,各节点不能松动	一处错误扣1分	
	导线出线应留有一定余量,并做到长度一致	一处错误扣1分	
	导线变换走向要垂直,并做到高低一致或前后一致	一处错误扣1分	
	避免出现交叉线、架空线、缠绕线和叠压线的现象	一处错误扣2分	
	导线折弯应折成直角	一处错误扣1分	
整体布局	板面电路应合理汇集成线束	一处错误扣1分	
	进出线应合理汇集在端子板上	一处错误扣1分	
	整体走线应合理美观	酌情扣分	

二、不通电测试评定(20分,每错一处扣5分,扣完为止)

(一) 主电路测试

合上电源开关 QS,压下接触器 KM1(或 KM2)的衔铁,使 KM1(或 KM2)的主触点闭合,测量(从电源端 L1、L2、L3 出线端子)一相电路,将电阻值填入表 2-4-3。

(二) 控制电路测试

按下 SB1 按钮,测量控制电路两端,将电阻值填入表 2-4-3。按下 SB2 按钮,测量控制电路两端,将电阻值填入表 2-4-3。用手压下接触器 KM1 衔铁,测量控制电路两端,将电阻值填入表 2-4-3。用手压下接触器 KM2 衔铁,测量控制电路两端,将电阻值填入表 2-4-3。

表 2-4-3　三相笼型异步电动机正反转控制电路的不通电测试记录

测试电路	电　路									
操作步骤	主电路						控制电路两端（W11-N）			
	压住 KM1 衔铁			压住 KM2 衔铁			按下 SB1	按下 SB2	压下 KM1 衔铁	压下 KM2 衔铁
	L1-U	L2-V	L3-W	L1-W	L2-V	L3-U				
电阻值/Ω										

三、通电测试评定（50 分，每错一处扣 10 分，扣完为止）

在完成不通电测试后，接入电源进行通电测试。

按照顺序测试电路各项功能，每错一项扣 10 分，扣完为止。如出现某项功能错误，后面的功能测试均算错，将测试结果填入表 2-4-4。

表 2-4-4　三相笼型异步电动机正反转控制电路的通电测试记录

操作步骤	合上 QS	按下 SB2	按下 SB1	按下 SB2	松开 SB3	按下 SB1
电动机动作或接触器吸合情况						

四、7S 管理

任务完成后拆线，整理工位，该区域由本人负责。

总结与评价

总结与评价的内容主要包括：

（1）总结本任务的主要知识点和技能，评价学生在任务实施过程中的表现。

（2）以小组为单位，进行工作总结，制作工作总结汇报资料，以演示文稿、展板、视频等方式汇报工作，展示成果。

（3）填写表 2-4-5 所示的工作评价表相关内容。

表 2-4-5　工作评价表

项目	评价内容	考核指标	分值	自评	互评	师评
		一、职业能力（70 分）				
任务实施过程	明确工作任务	清楚工作任务内容	2			
		制订工作计划详细、可行	2			
		分工明确、合理	2			
	工作准备	工具、材料和元器件清单正确	4			
		具备相关的专业知识	10			
		工艺文件（布局图和接线图）识读正确	10			

续表

一、职业能力（70分）					
任务执行过程		执行元件检测，检测方法与结果正确	2		
		工具、设备完好	2		
		安全作业、文明生产	2		
		创新能力和解决问题能力	4		
任务成果质量	电路工艺	电路安装规范、美观、质量好	10		
	电路功能	电路功能正确	20		
二、个人素养（30分）					
遵守纪律	遵守课堂纪律	迟到扣2分、早退扣2分	5		
	遵守实训车间的规章制度	优秀、基本达标、不合格	5		
学习态度	认真完成学习任务	优秀、基本达标、不合格	5		
	工作精益求精、严谨求实	优秀、基本达标、不合格	5		
团队和创新精神	良好沟通、团队合作	优秀、基本达标、不合格	5		
	积极思考、敢于创新	优秀、基本达标、不合格	5		
总分			100		
教师签名：				

分析与思考

什么是互锁？在电动机正反转控制中为什么必须有电气互锁结构？设置按钮互锁的目的是什么？

任务 2.5 电动机降压起动控制电路的安装与调试

任务描述

电动机在起动时,加载到电动机绕组上的电压称为电动机的额定电压。电动机以额定电压起动的方式称为全压起动,也称为直接起动。

电动机全压起动的优点:所用电气设备少,线路简单,维修量较小。

电动机全压起动的缺点:电源变压器容量不够大,电动机功率较大时全压起动将导致电源变压器输出电压下降,不仅减小电动机的起动转矩,还会影响同一供电线路中其他电气设备的正常工作。因此,较大容量的电动机起动时需要采用降压起动,即利用起动电路降低电动机起动电压,待电动机起动运转后再将该电压恢复到额定电压,电动机正常运转。

常见的降压起动方法主要包括:定子绕组串接电阻降压起动、自耦变压器降压起动、Y-△降压起动等,本次任务采取 Y-△降压起动方法。

任务目标

(1)掌握电动机降压起动方法。

(2)掌握电动机 Y-△降压起动方法的原理、功能、用途以及电气元件之间的布置、连接和安装关系。

(3)掌握电动机降压起动主电路和控制电路的安装、调试方法。

任务准备

Y-△降压起动是指电动机起动时把定子绕组接成 Y 形,以降低起动电压,限制起动电流。待电动机起动后,再将定子绕组改为△形,使电动机全压运行。

一、Y-△降压起动的原理

(一)直接起动与降压起动

电动机由静止状态逐渐加速到正常运转状态的过程称为电动机的起动。

电动机起动时直接将额定电压加载到电动机的定子绕组上的起动方式称为直接起动,也称全压起动。

电动机直接起动时起动电流很大,一般为额定值的 4~7 倍,过大的起动电流会引起电网电压显著下降，影响电网上其他用电设备的正常运行。直接起动适用于容量较小、工作要求简单的电动机。

降压起动是指电动机起动时降低加载到其定子绕组上的电压，当电动机转速上升到接近额定转速时再将该电压恢复到额定值。降压起动的目的是降低起动电流，减小因起动电流过大引起的供电线路的电压降。

由于电动机起动力矩与加载到定子绕组电压的平方成正比，降压起动时电动机的力矩较小，因此降压起动方法只适用于空载或轻载起动。电动机起动后转速接近稳定转速时，将定子绕组上的电压恢复到额定值，电动机再带载运行。

电动机常用的降压起动方式包括 Y-△ 降压起动、定子串电阻降压起动等。

（二）Y-△ 降压起动

电动机采用 Y-△ 降压起动时，先将定子绕组连接成 Y 形连接，当电动机转速上升到接近额定转速时再换接成 △ 形连接，进入全压运行。采用 Y 形连接时，定子每相绕组相电压与电源的相电压相等。采用 △ 形连接时，定子每相绕组相电压与电源的线电压相等。因此有

$$U_{星形} = \frac{U_{三角形}}{\sqrt{3}}$$

常用的三相交流电动机，采用 Y 形连接时起动电压为 220 V，采用 △ 形连接时起动电压为 380 V。

△ 形连接的线电流是相电流的 $\sqrt{3}$ 倍，Y 形连接的线电流等于相电流，故 Y 形连接的线电流等于 △ 形连接的线电流的 1/3，因而减少了对线路电压的影响。

二、Y-△ 降压起动电路分析

（一）时间继电器

时间继电器是一种利用电磁原理或机械原理实现延时控制的自动开关装置，包括空气阻尼式、电动式、电磁式等多种类型。时间继电器要根据延时范围和精度选择继电器的类型。

空气阻尼式时间继电器又称为气囊式时间继电器，其工作原理是根据空气压缩产生的阻力来进行延时，具有结构简单、价格便宜、延时范围大（0.4~180 s）、延时精度低的特点。

电磁式时间继电器延时时间短（0.3~1.6 s），但结构比较简单，通常用在断电延时以及直流电路。

电动式时间继电器的原理与钟表类似，是由内部电动机带动减速齿轮转动而获得延时的。这种继电器具有延时精度高、延时范围大（0.4~72 h）、结构比较复杂、价格高的特点。

晶体管式时间继电器又称为电子式时间继电器，是利用延时电路来进行延时的。这种继电器具有精度高、体积小的特点。图 2-5-1 所示是常见的时间继电器。时间继电器按延时方式可分为通电延时型和断电延时型，应根据控制要求选择其延时方式。在电路图中，时间继电器的图形符号和文字符号如图 2-5-2 所示。

（a）JS7 系列时间继电器　　（b）带数显的时间继电器　　（c）电子式时间继电器

图 2-5-1　常见的时间继电器实物

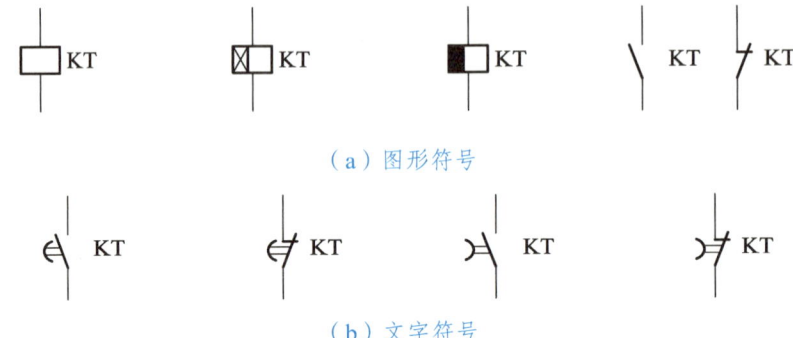

（a）图形符号

（b）文字符号

图 2-5-2　时间继电器图形符号和文字符号

（二）Y-△降压起动电路的工作原理

时间继电器控制的 Y-△降压起动电路如图 2-5-3 所示，其工作原理的内容主要包括：

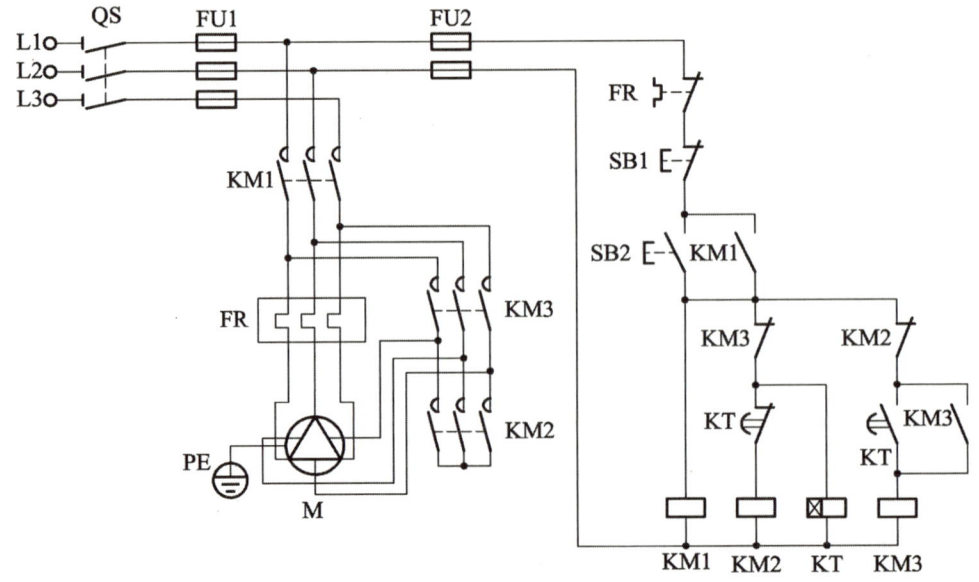

图 2-5-3　时间继电器控制的 Y-△降压起动电路原理图

（1）按下起动按钮 SB2，接触器 KM1 线圈得电，电动机 M 接入电源。同时，时间继电器 KT 及接触器 KM2 线圈得电。

（2）接触器 KM2 线圈得电，其常开主触点闭合，电动机 M 定子绕组在星形连接下运行。KM2 的常闭辅助触点断开，保证了接触器 KM3 不得电。

（3）时间继电器 KT 的常开触点延时闭合，常闭触点延时断开，切断 KM2 线圈的电源，KM2 主触点断开而常闭辅助触点闭合，KT 的常开闭合。

（4）接触器 KM3 线圈得电，其主触点闭合，使电动机 M 由星形起动切换为三角形运行。

（5）停车按 SB1，控制电路断电，各接触器线圈失电，主电路断开，电动机断电停车。

任务实施

一、实训准备

实训需要准备的工器具主要包括：

（1）工具。

实训需要准备的工具主要包括螺丝刀（十字、一字）、电笔、剥线钳、尖嘴钳、老虎钳等。

（2）仪表。

实训需要准备的仪表主要包括兆欧表、万用表。

（3）器材。

实训需要准备的器材主要包括：

①低压断路器 1 只。

②熔断器 4 只。

③交流接触器 2 只。

④热继电器 1 只。

⑤时间继电器 1 只。

⑥按钮 2 只（红、绿各 1）或组合按钮 1 只（按钮数 2~3）。

⑦接线端子排 1 个（15 节左右）。

⑧三相交流异步电动机 1 台。

⑨安装网孔板和导线若干。

二、检测元器件

按照操作规范流程检测并记录表 2-5-1 所示的元器件。

表 2-5-1 元器件记录表

序号	名称	型号与规格	数量	是否合格	更换或维修
1	三相异步电动机				
2	熔断器				
3	热继电器				
4	时间继电器				

续表

序号	名称	型号与规格	数量	是否合格	更换或维修
5	低压断路器				
6	交流接触器				
7	按钮				
8	端子板				
9	网孔板				
10	塑料硬铜线				
	合计				

三、安装与接线

（一）识读元器件布置图并安装元器件

时间继电器控制的 Y-△降压起动电路的元器件布置图如图 2-5-4 所示，其安装固定工艺主要包括：

（1）根据元件布局图和元件外形尺寸在控制板上画线，确定安装位置。固定安装后贴上醒目的文字符号。

（2）安装 JS7-A 系列空气阻尼式时间继电器时，先检查时间继电器状态，如果发现是断电延时时间继电器，应将线圈部分转动 180°，改为通电延时时间继电器。无论是通电延时型还是断电延时型，都必须在时间继电器断电后释放时衔铁向下垂直运动，其倾斜度不得超过 5°。时间继电器整定时间旋钮的刻度值应正对安装人员，以方便安装人员安装调整。

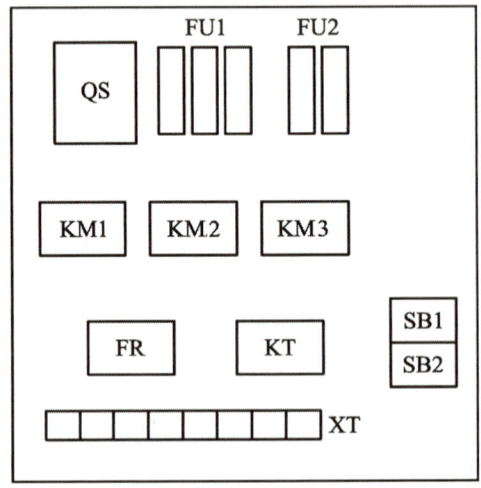

图 2-5-4　时间继电器控制的 Y-△降压起动电路元器件布置图

（二）布线工艺

时间继电器控制的 Y-△降压起动电路的接线图如图 2-5-5 所示，其布线工艺主要采用板前线槽布线。

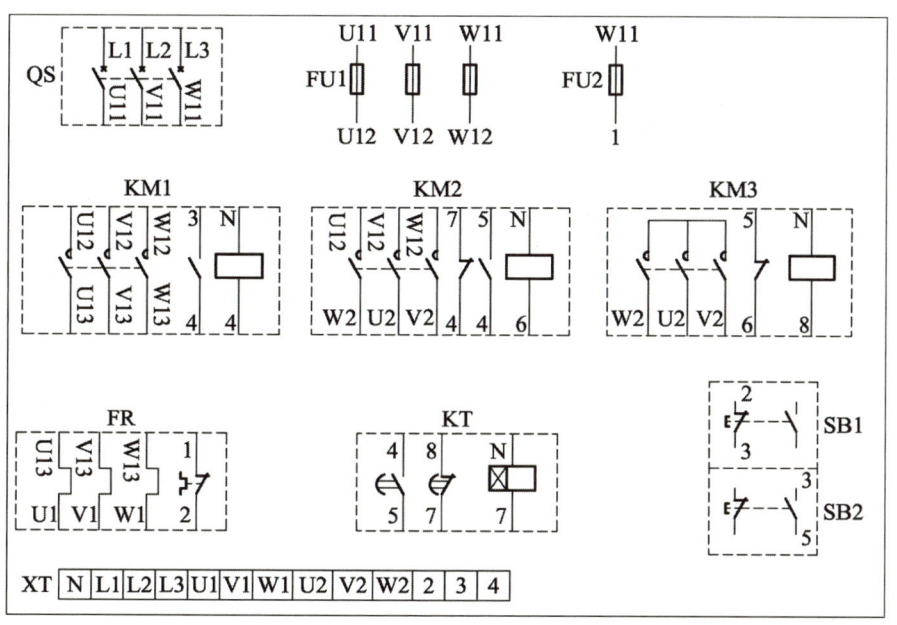

图 2-5-5　时间继电器控制的 Y-△降压起动电路安装接线图

（三）检查控制板布线

根据图 2-5-5 所示的安装接线图检查控制板布线是否正确。

（四）安装电动机

根据图 2-5-5 所示的安装接线图安装电动机。

（五）安装接线注意事项

时间继电器控制的 Y-△降压起动电路的安装接线注意事项主要包括：

（1）按钮内部的接线不要接错，起动按钮必须接动合（常开）触点（可用万用表的欧姆挡判断）。

（2）用 Y-△降压起动的电动机，必须有 6 个出线端子（即要拆开接线盒内的连接片），并且定子绕组在三角形连接时的额定电压为 380 V。

（3）接线时要保证电动机三角形连接的正确性，即接触器 KM2 主触点闭合时应保证定子绕组的 U1 与 W2、V1 与 U2、W1 与 V2 相连接。

（4）接触器 KM3 的进线必须从三相定子绕组的末端引入，若误将其从首端引入，则在 KM3 吸合时会产生三相电源短路事故。

（5）电动机外壳必须可靠接 PE（保护接地）线。

四、不通电测试、通电测试及故障排除

（一）不通电测试

对时间继电器控制的 Y-△降压起动电路进行不通电测试的内容主要包括：

（1）按照电气原理图或安装接线图，从电源端开始逐段核对接线及接线端子处是否正确、有无漏接和错接之处。检查导线接线端子是否符合要求，压接是否牢固。

（2）用万用表检查电路的通断情况。检查时应选用适当倍率的电阻挡并进行校零，以防短路故障发生。

（3）检查控制电路时（可断开主电路），可将万用表表笔分别搭在 FU2 的进线端（W11）和零线（N）上，此时读数应为 ∞。按下起动按钮 SB2，读数应为接触器 KM1、KM3 和 KT 线圈电阻的并联值；用手压下 KM1 的衔铁，使 KM1 动合（常开）触点闭合，读数也应为接触器 KM1、KM3、KT 线圈电阻的并联值。同时压下 KM1 和 KM2 的衔铁，万用表读数应为 KM1 和 KM2 线圈电阻的并联值。

（4）检查主电路时（可断开控制电路），可以用手压下接触器 KM1 的衔铁来模拟接触器得电吸合时的情况。依次测量从电源端到电动机出线端子上的每一相电路的电阻值，检查是否存在开路现象。

（5）用兆欧表检查电路的绝缘电阻，不得小于 0.5 MΩ。

（二）通电测试

对时间继电器控制的 Y-△降压起动电路进行通电测试的内容主要包括：

（1）合上断路器 QS，引入三相电源，按下按钮 SB2，接触器 KM1、KM3 和 KT 线圈得电吸合自锁，电动机减压起动。

（2）延时几秒钟后，KM3 线圈断电释放，KM2 线圈得电吸合自锁，电动机全压运行。

（3）按下停止按钮 SB1，KML 和 KM2 线圈断电释放，电动机停止工作。

（三）故障排除

操作过程中，如果出现不正常现象，应立即断开电源，分析故障原因，仔细检查电路（使用万用表），在实训老师检查认可后才能再通电调试。

技能评定

一、安装、接线评定（30 分）

安装、接线的考核要求及评分标准见表 2-5-2。

表 2-5-2　安装、接线的考核要求及评分标准

内　容	考核要求	评分标准	扣　分
接线端	对螺栓式接线端子，连接导线时，应按顺时针旋转；对瓦片式接线端子，连接导线时，直接插入接线端子固定即可	一处错误扣 2 分	
	严禁损伤线芯和导线绝缘，接点上不能露太多铜丝	一处错误扣 2 分	
	每个接线端子上连接的导线根数一般以不超过两根为宜，并保证接线牢固	一处错误扣 1 分	

续表

内　容	考核要求	评分标准	扣　分
电工工艺	走线合理，做到横平竖直，整齐，各节点不能松动	一处错误扣1分	
	导线出线应留有一定余量，并做到长度一致	一处错误扣1分	
	导线变换走向要垂直，并做到高低一致或前后一致	一处错误扣1分	
	避免出现交叉线、架空线、缠绕线和叠压线的现象	一处错误扣2分	
	导线折弯应折成直角	一处错误扣1分	
整体布局	板面电路应合理汇集成线束	一处错误扣1分	
	进出线应合理汇集在端子板上	一处错误扣1分	
	整体走线应合理美观	酌情扣分	

二、不通电测试评定（20分，每错一处扣5分，扣完为止）

（一）主电路测试

合上电源开关，分别压下接触器 KM1 衔铁、KM2 衔铁和 KM3 衔铁，使 KM1 的主触点闭合，测量每一相电路，将电阻值填入表 2-5-3。（10分，错1处扣2分，扣完为止）

（二）控制电路测试

按下 SB2 按钮，测量控制电路两端，将电阻值填入表 2-5-3。压下接触器 KM1 衔铁，测量控制电路两端，将电阻值填入表 2-5-3。压下接触器 KM1、KM2 衔铁，测量控制电路两端，将电阻值填入表 2-5-3。（10分，错1处扣4分，扣完为止）

表 2-5-3　三相笼型异步电动机减压起动控制电路的不通电测试记录

测试电路	电　路									
操作步骤	主电路								控制电路两端（W11-N）		
	压住 KM1 衔铁			压住 KM2 衔铁			压下 KM3 衔铁			按下 SB2	压下 KM1 衔铁	压下 KM1、KM2 衔铁
	L1-U1	L2-V1	L3-W1	L1-W2	L2-U2	L3-V2	U2-V2	V2-W2	W2-U2			
电阻值/Ω												

三、通电测试评定（50分，每错一处扣10分，扣完为止）

在完成不通电测试后，接入电源进行通电测试。

按照顺序测试电路各项功能，每错一项扣10分，扣完为止。如出现某项功能错误，后面的功能均算错。将测试结果填入表 2-5-4。

表 2-5-4　三相笼型异步电动机减压起动控制电路的通电测试记录

操作步骤	合上 QF	按下 SB1	按住 SB2	松开 SB2	再次按下 SB1
电动机动作或接触器吸合情况					

四、7S 管理

任务完成后拆线,整理工位,该区域由本人负责。

总结与评价

总结与评价的内容主要包括:
(1)总结本任务的主要知识点和技能,评价学生在任务实施过程中的表现。
(2)以小组为单位,进行工作总结,制作工作总结汇报资料,以演示文稿、展板、视频等方式汇报工作,展示成果。
(3)填写表 2-5-5 所示的工作评价表相关内容。

表 2-5-5　工作评价表

项目	评价内容	考核指标	分值	自评	互评	师评
一、职业能力(70分)						
任务实施过程	明确工作任务	清楚工作任务内容	2			
		制订工作计划详细、可行	2			
		分工明确、合理	2			
	工作准备	工具、材料和元器件清单正确	4			
		具备相关的专业知识	10			
		工艺文件(布局图和接线图)识读正确	10			
	任务执行过程	执行元件检测,检测方法与结果正确	2			
		工具、设备完好	2			
		安全作业、文明生产	2			
		创新能力和解决问题能力	4			
任务成果质量	电路工艺	电路安装规范、美观、质量好	10			
	电路功能	电路功能正确	20			
二、个人素养(30分)						
遵守纪律	遵守课堂纪律	迟到扣2分、早退扣2分	5			
	遵守实训车间的规章制度	优秀、基本达标、不合格	5			
学习态度	认真完成学习任务	优秀、基本达标、不合格	5			
	工作精益求精、严谨求实	优秀、基本达标、不合格	5			
团队和创新精神	良好沟通、团队合作	优秀、基本达标、不合格	5			
	积极思考、敢于创新	优秀、基本达标、不合格	5			
总分			100			
教师签名:						

分析与思考

一、星形-三角形降压起动方式适合哪类电动机?分析在起动过程中电动机绕组的连接方式包括哪些类型。

二、如果时间继电器的通电延时动合(常开)与动断(常闭)触点接反,电路工作状态会发生什么样的变化?

任务 2.6　双速电动机控制电路的安装与调试

> 任务描述

在机械加工生产过程中，为了适应各种工具加工工艺要求，需要电动机有较大的调速范围。

由三相异步电动机的转速公式 $n = n_1(1-s) = 60f_1(1-s)/p$ 可知，通过改变异步电动机的频率、转差率、磁极对数可以改变电动机的转速。

改变异步电动机磁极对数的调速方式称为变极调速。变极调速是通过改变定子绕组的连接方式来实现的，属于有级调速，适用于笼型异步电动机。磁极对数可改变的电动机称为多速电动机。常见的多速电动机包括双速、三速、四速等，如图 2-6-1 所示的 T68 卧式镗床的主轴电动机就采用"△-YY"双速电动机。

图 2-6-1　T68 卧式镗床

> 任务目标

（1）掌握双速电动机的控制方法。

（2）掌握时间继电器控制的双速电动机控制方法的原理、功能、用途，以及电气元件之间的布置、连接和安装关系。

（3）掌握时间继电器控制的双速电动机主电路和控制电路的安装、调试方法。

> 任务准备

时间继电器控制的双速电动机控制电路的原理图如图 2-6-2 所示，通过时间继电器完成电动机从低速到高速的自动切换。

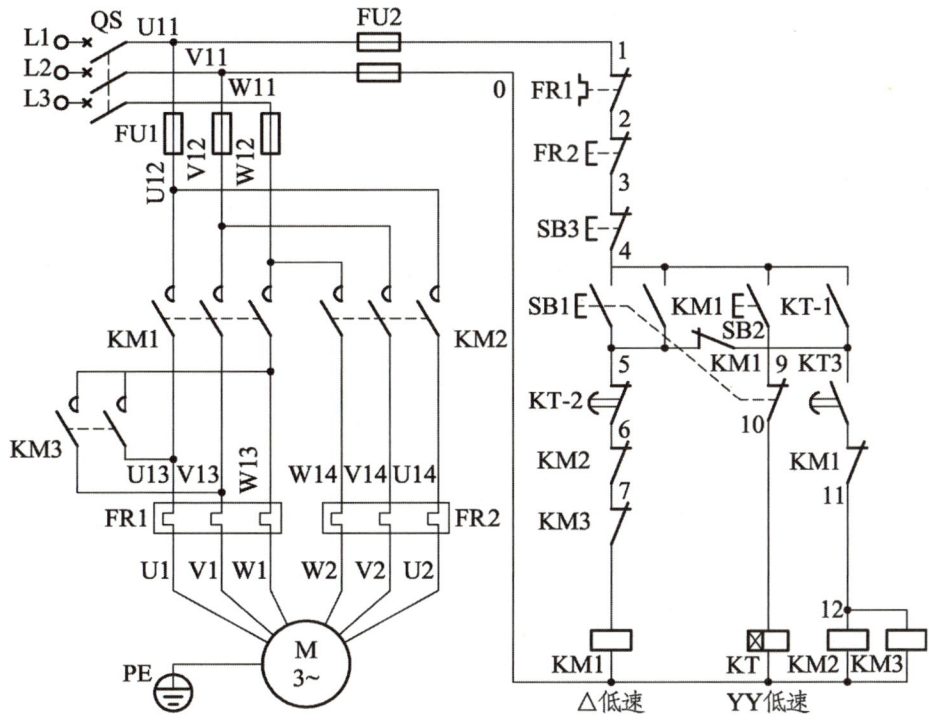

图 2-6-2　时间继电器控制双速电动机控制电路的原理图

一、双速异步电动机定子绕组的连接

电动机低速工作时，把三相电源分别接在出线端 U1、V1、W1 上，另外三个出线端 U2、V2、W2 空着不接，此时电动机定子绕组接成△形，磁极为 4 极，同步转速为 1 500 r/min。

电动机高速工作时，把三个出线端 U1、V1、W1 并接在一起，三相电源分别接到另外三个出线端 U2、V2、W2 上，这时电动机定子绕组接成 YY 形，磁极为 2 极，同步转速为 3 000 r/min。

双速电动机高速运转转速是低速运转转速的两倍。

双速电动机三相定子绕组△-YY 接线图如图 2-6-3 所示。

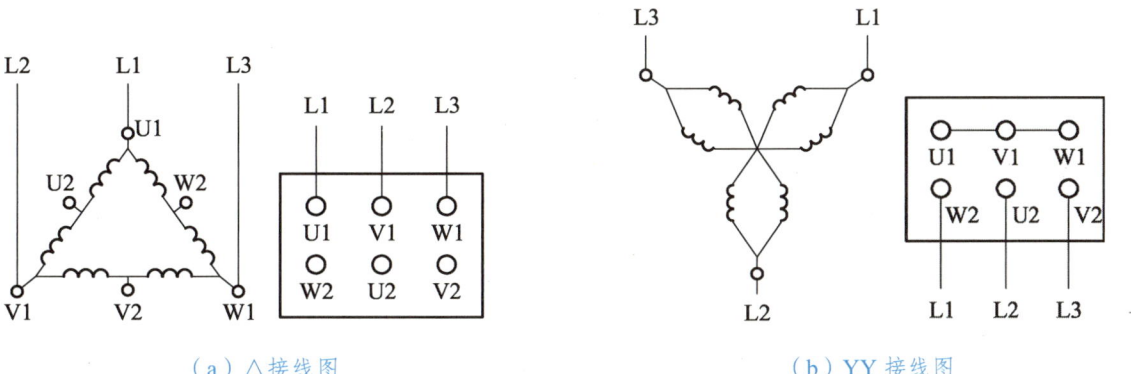

（a）△接线图　　　　　　　　　　　　　　（b）YY 接线图

图 2-6-3　双速电动机三相定子绕组△-YY 接线图

二、时间继电器控制双速电动机控制电路的原理分析

时间继电器控制双速电动机控制电路如图 2-6-2 所示，其工作原理主要包括：
（1）首先闭合断路器 QS。
（2）△形连接的低速起动运转。
按下按钮 SB1，SB1 常闭触点先分断，SB1 常开触点后闭合，KM1 线圈通电，KM1 自锁触点闭合自锁，KM1 主触点闭合，KM1 两对辅助常闭触点分断对 KM1、KM2 联锁，电动机 M 接成△形低速起动运转。
（3）YY 高速运转。
按下按钮 SB2，KT 线圈得电，KT-1 常开触点瞬间闭合自锁，经 KT 整定时间，KT-2 先分断，KM1 线圈失电，KM1 常开触点均分断，KM1 常闭触点恢复闭合，KT-3 后闭合，KM2、KM3 线圈通电，KM2、KM3 主触点闭合，KM2、KM3 联锁触点分断对 KM1 联锁，电动机 M 接成 YY 高速运转。

任务实施

一、实训准备

实训需要准备的工器具主要包括：
（1）工具。
实训需要准备的工具主要包括螺丝刀（十字、一字）、电笔、剥线钳、尖嘴钳、老虎钳等。
（2）仪表。
实训需要准备的仪表主要包括兆欧表、万用表。
（3）器材。
实训需要准备的器材主要包括：
①低压断路器 1 只。
②时间继电器 1 个。
③熔断器 4 只。
④交流接触器 3 只。
⑤热继电器 1 只。
⑥按钮 3 只（红、绿、黑各 1）或组合按钮 1 只（按钮数 3）。
⑦接线端子排 1 个（15 节左右）。
⑧三相交流异步电动机 1 台。
⑨安装网孔板和导线若干。

二、检测元器件

按照操作规范流程检测并记录表 2-6-1 所示的元器件。

表 2-6-1　元器件记录表

序号	名称	型号与规格	数量	是否合格	更换或维修
1	三相异步电动机				
2	熔断器				
3	热继电器				
4	低压断路器				
5	时间继电器				
6	交流接触器				
7	按钮				
8	端子板				
9	网孔板				
10	塑料硬铜线				
	合计				

三、安装与接线

（一）识读元器件布置图并安装元器件

时间继电器控制双速电动机控制电路的元器件布置图如图 2-6-4 所示，其安装固定工艺主要包括：

（1）根据元件布局图和元件外形尺寸在控制板上画线，确定安装位置。

（2）固定安装后贴上醒目的文字符号。

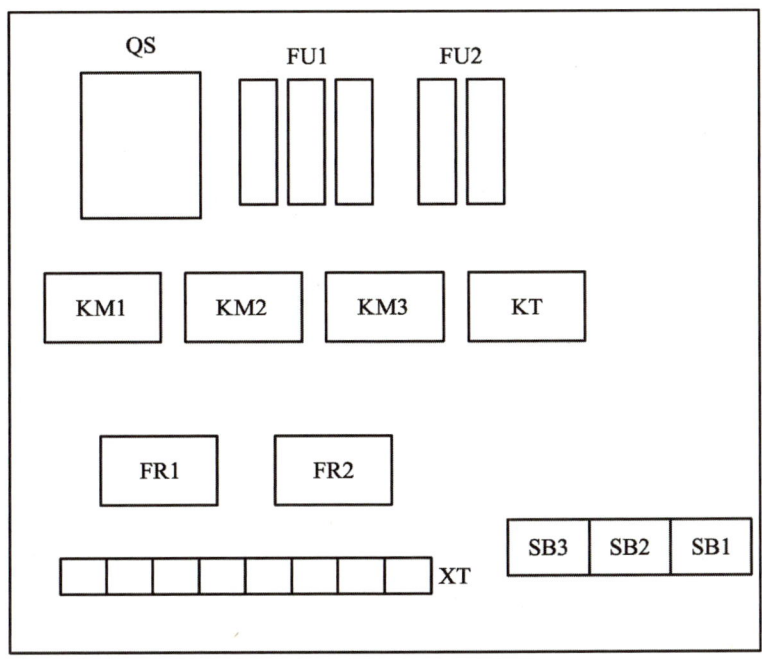

图 2-6-4　时间继电器控制双速电动机控制电路元器件布置图

（二）布线工艺

时间继电器控制双速电动机控制电路的接线图如图 2-6-5 所示，其布线工艺采用板前线槽布线。

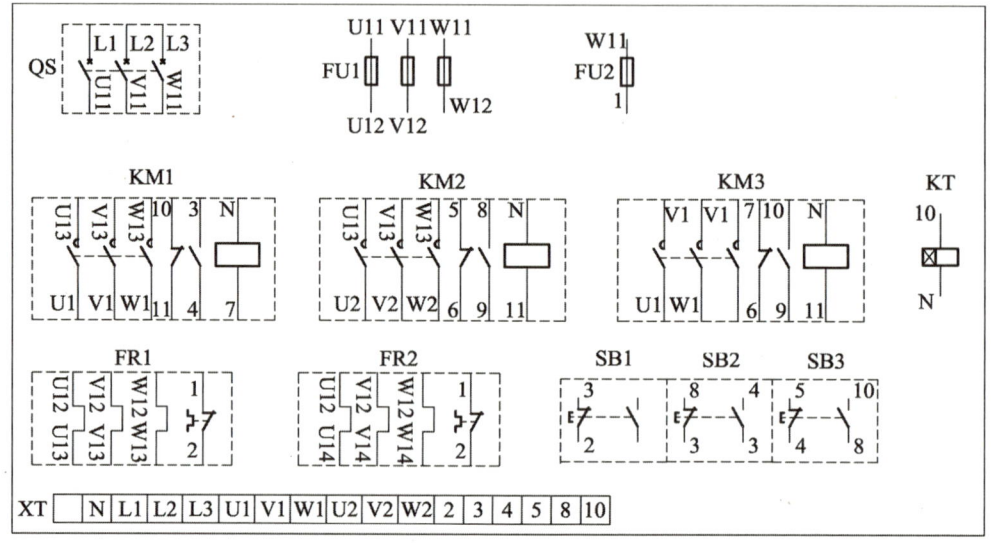

图 2-6-5　时间继电器控制双速电动机控制电路接线图

（三）检查控制板布线

根据图 2-6-5 所示的安装接线图检查控制板布线是否正确。

（四）安装电动机

根据图 2-6-5 所示的安装接线图安装电动机。

（五）安装接线注意事项

时间继电器控制双速电动机控制电路的安装接线注意事项主要包括：

（1）接线时，注意主电路中接触器 KM1、KM2 在两种转速下电源相序的改变，不能接错，否则两种转速下电动机的转向相反，换向时将产生很大的冲击电流。

（2）主电路接线时，要看清楚电动机出线端的标记，掌握接线要点：控制双速电动机三角形（△）连接的接触器 KM1 和双星形（YY）连接的 KM2 的主触点与电动机连接线不能对换，否则不但无法实现双速控制要求，还会在双星形（YY）连接运行时造成电源短路事故。

（3）通电测试前要反复检验一下电动机的接线是否正确，测试绝缘电阻是否符合要求。

（4）电动机外壳必须可靠接 PE（保护接地）线。

四、不通电测试、通电测试及故障排除

（一）不通电测试

检查前要认真阅读电路图，掌握电路的组成、工作原理及接线方式；在检修故障的过程中，

故障分析、故障排除的思路和方法要正确；仪表使用要正确，以防止引起错误判断；检修时不能随意更改电路和带电触摸元器件；带电检修故障时，必须要有指导老师在现场监护，并要确保用电安全。

1. 检查主电路

检查主电路的内容主要包括：

（1）取下 FU2 熔体，装好 FU1 熔体，断开控制电路。

（2）三角形连接低速运行主电路。

按下接触器 KM1 衔铁，用万用表测得断路器 QS 下端 U11-V11、U11-W11、V11-W11 之间的电阻值，分别为电动机 U1-V1、U1-W1、V1-W1 相绕组的电阻值。松开接触器 KM1 的衔铁后，万用表显示无穷大。

（3）双星形连接高速运行主电路。

按下接触器 KM2 的衔铁，用万用表测得断路器 QS 下端 U11-V11、U11-W1、V11-W11 之间的电阻值，分别为电动机 U2-W2、U2-V2、W2-V2 相绕组的电阻值。松开接触器 KM2 的衔铁后，万用表显示无穷大。

2. 检查控制电路

检查控制电路的内容主要包括：

（1）取下 FU1 熔体，装好 FU2 熔体，选用合适倍率的电阻挡，将万用表表笔分别接到 W11 与 N 上。

（2）三角形连接低速运行控制电路。

按下低速运行起动按钮 SB1，读数应为接触器 KM1 线圈电阻值；松开 SB1，测得结果为断路。按下接触器 KM1 的衔铁，读数应为 KM1 线圈电阻值；松开接触器 KM1 的衔铁，测得结果为断路。

（3）双星形连接高速运行控制电路。

按下高速运行起动按钮 SB2，读数应为接触器 KM2、KM3 线圈的并联电阻值；松开 SB2，测得结果为断路。按下接触器 KM2、KM3 的衔铁，读数应为 KM2、KM3 线圈的并联电阻值；松开接触器 KM2、KM3 的衔铁，测得结果为断路。

3. 检查联锁电路

按下 SB1，测出接触器 KM1 线圈电阻值，同时按下接触器 KM2 或 KM3 的衔铁使接触器 KM2、KM3 的动断（常闭）触点分断，万用表应显示电路由通到断；按下 SB2，测出接触器 KM2 和 KM3 线圈的并联电阻值，同时按下接触器 KM1 的衔铁使其动断（常闭）触点分断，万用表应显示电路由通到断。

（二）通电测试

1. 空操作测试

空操作测试的内容主要包括：

（1）首先拆除电动机定子绕组的接线，合上断路器 QS，按下低速运行起动按钮 SB1 后松开，接触器 KM1 通电应动作，并保持吸合状态。

（2）按下高速运行起动按钮 SB2，接触器 KM1 立即释放，接触器 KM2 和 KM3 通电应立即动作，并保持吸合状态。

（3）按下停止按钮 SB3，KM2 和 KM3 应立即断电释放，KM1 保持断电释放状态。

（4）重复操作几次，检查电路动作的可靠性。

2. 带负载测试

带负载测试的内容主要包括：

（1）首先断开电源，接上电动机定子绕组，合上 QS，按下低速起动按钮 SB1，观察电动机起动运行情况，此时电动机低速起动运行。

（2）按下高速起动按钮 SB2，此时电动机从低速起动运行切换到高速运行。

（3）按下停止按钮 SB3，电动机停止工作。

（三）故障排除

操作过程中，如果出现不正常现象，应立即断开电源，分析故障原因，仔细检查电路（使用万用表），在实训老师检查认可后才能再通电调试。

技能评定

一、安装、接线评定（30 分）

安装、接线的考核要求及评分标准见表 2-6-2

表 2-6-2 安装、接线的考核要求及评分标准

内容	考核要求	评分标准	扣分
接线端	对于螺栓式接线端子，在连接导线时应该按顺时针旋转；对于瓦片式接线端子，在连接导线时应该直接插入接线端子固定即可	一处错误扣 2 分	
	严禁损伤线芯和导线的绝缘，接点位置处不能露出太多的铜丝	一处错误扣 2 分	
	每个接线端子上连接的导线根数一般不超过两根为宜，并保证接线牢固	一处错误扣 1 分	
电工工艺	走线应该合理，尽量做到横平竖直。走线整齐，各节点不能松动	一处错误扣 1 分	
	导线出线应留有一定余量，并做到长度一致	一处错误扣 1 分	
	导线变换走向时要做到垂直，并且做到高低一致或前后一致	一处错误扣 1 分	
	避免出现交叉线、架空线、缠绕线和叠压线的现象	一处错误扣 2 分	
	导线折弯应折成直角	一处错误扣 1 分	
整体布局	板面电路应合理汇集成线束	一处错误扣 1 分	
	进出线应合理汇集在端子板上	一处错误扣 1 分	
	整体走线应合理美观	酌情扣分	

二、不通电测试评定（20 分，每错一处扣 5 分，扣完为止）

（一）主电路测试

合上断路器 QS，压下接触器 KM1 衔铁，使 KM1 的主触点闭合，测量从电源端（L1、L2、L3）到出线端子（U1、V1、W1）上的每一相电路，将电阻值填入表 2-6-3。

（二）控制电路测试

按下 SB1 按钮，测量控制电路两端，将电阻值填入表 2-6-3。压下接触器 KM1 衔铁，测量控制电路两端，将电阻值填入表 2-6-3。按下 SB2 按钮，测量控制电路两端，将电阻值填入表 2-6-3。同时压下接触器 KM2、KM3 衔铁，测量控制电路两端，将电阻值填入表 2-6-3。

表 2-6-3 按钮切换的双速电动机控制电路的不通电测试记录

测试电路	电路					
	主电路			控制电路两端（W11-N）		
操作步骤	L1-U1	L2-V1	L3-W1	按下 SB1	压下 KM1 衔铁	按下 SB2	同时压下 KM2、KM3 的衔铁
电阻值/Ω							

三、通电测试评定（50 分，每错一处扣 10 分，扣完为止）

在完成不通电测试后，接入电源进行通电测试。

按照顺序测试电路各项功能，每错一项扣 10 分，扣完为止。如出现某项功能错误，后面的功能均算错。将测试结果填入表 2-6-4 中。

表 2-6-4 按钮切换的双速电动机控制电路的通电测试记录

操作步骤	合上 QS	按下 SB1	按下 SB2	按下 SB3	再次按下 SB1
电动机动作或接触器吸合情况					

四、7S 管理

任务完成后拆线，整理工位，该区域由本人负责。

总结与评价

总结与评价的内容主要包括：

（1）总结本任务的主要知识点和技能，评价学生在任务实施过程中的表现。

（2）以小组为单位，进行工作总结，制作工作总结汇报资料，以演示文稿、展板、视频等方式汇报工作，展示成果。

（3）填写表 2-6-5 所示的工作评价表相关内容。

表 2-6-5　工作评价表

项目	评价内容	考核指标	分值	自评	互评	师评
一、职业能力（70分）						
任务实施过程	明确工作任务	清楚工作任务内容	2			
		制订工作计划详细、可行	2			
		分工明确、合理	2			
	工作准备	工具、材料和元器件清单正确	4			
		具备相关的专业知识	10			
		工艺文件（布局图和接线图）识读正确	10			
	任务执行过程	执行元件检测，检测方法与结果正确	2			
		工具、设备完好	2			
		安全作业、文明生产	2			
		创新能力和解决问题能力	4			
任务成果质量	电路工艺	电路安装规范、美观、质量好	10			
	电路功能	电路功能正确	20			
二、个人素养（30分）						
遵守纪律	遵守课堂纪律	迟到扣2分、早退扣2分	5			
	遵守实训车间的规章制度	优秀、基本达标、不合格	5			
学习态度	认真完成学习任务	优秀、基本达标、不合格	5			
	工作精益求精、严谨求实	优秀、基本达标、不合格	5			
团队和创新精神	良好沟通、团队合作	优秀、基本达标、不合格	5			
	积极思考、敢于创新	优秀、基本达标、不合格	5			
总分			100			
教师签名：						

分析与思考

一、双速电动机的定子绕组共有几个出线端？分别绘制双速电动机在低、高速运转时定子绕组的接线图。

_____

_____

_____

_____

_____

二、如何利用时间继电器实现双速电动机的高速转换？（按下低速起动按钮，双速电动机低速起动运行；按下高速起动按钮，双速电动机接成低速起动，然后自动切换成高速运转。）

任务 2.7　电动机多地控制电路的安装与调试

任务描述

为了操作控制方便，有些生产机械对电动机采用本地或异地共同控制的方式。如图 2-7-1 所示的 X62W 万能铣床的主轴电动机 M1，就采用本地和异地共同控制的方式，一组控制安装在工作台，另一组控制安装在机床，便于人员操作。

图 2-7-1　X62W 万能铣床

任务目标

（1）掌握电动机两地或多地控制方法。
（2）掌握电动机两地或多地控制方法的原理、功能、用途，以及电气元件之间的布置、连接和安装关系。
（3）掌握电动机两地或多地控制电路的主电路和控制电路的安装、调试方法。

任务准备

两地控制电路图如图 2-7-2 所示，本地和异地控制的起动按钮并联，按下任一起动按钮线圈都得电，电动机都起动；本地和异地控制的停止按钮串联，按下任一停止按钮线圈都失电，电动机都停止。

图 2-7-2 所示电动机多地控制电路的原理主要包括：
（1）闭合断路器 QS。
（2）本地控制。
按下按钮 SB11，KM 线圈通电，KM 自锁触点闭合自锁；KM 主触点闭合，电动机 M1 起动。
按下按钮 SB12，KM 线圈失电，KM 自锁触点解除自锁；KM 主触点分断，电动机 M1 停止。

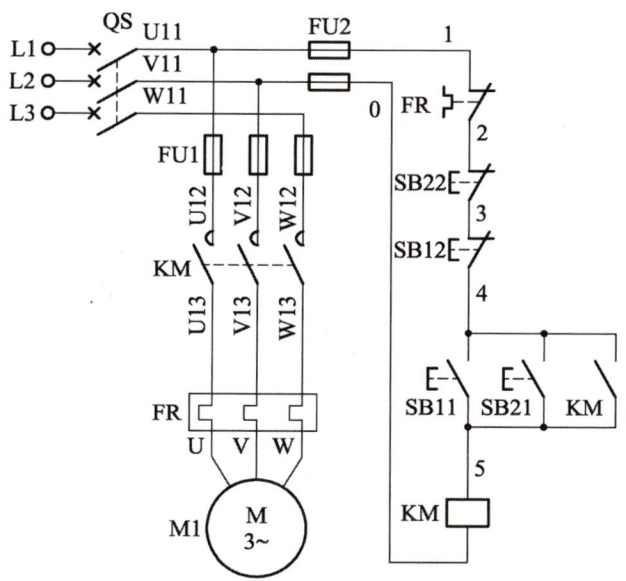

图 2-7-2　电动机两地控制电路原理图

（3）异地控制。

按下按钮 SB21，KM 线圈通电，KM 自锁触点闭合自锁；KM 主触点闭合，电动机 M1 起动。按下按钮 SB22，KM 线圈失电，KM 自锁触点解除自锁；KM 主触点分断，电动机 M1 停止。

任务实施

一、实训准备

实训需要准备的工器具主要包括：

（1）工具。

实训需要准备的工具主要包括螺丝刀（十字、一字）、电笔、剥线钳、尖嘴钳、老虎钳等。

（2）仪表。

实训需要准备的仪表主要包括兆欧表、万用表。

（3）器材。

实训需要准备的器材主要包括：

①低压断路器 1 只。

②螺旋式熔断器 5 只。

③交流接触器 1 只。

④热继电器 1 只。

⑤按钮 2 对（红、绿各 1）或组合按钮 1 只（按钮数 2～3）。

⑥接线端子排 1 个（10 节左右）。

⑦三相交流异步电动机 1 台，安装网孔板和导线若干。

二、检测元器件

按照操作规范流程检测并记录表 2-7-1 所示的元器件。

表 2-7-1　元器件记录表

序号	名称	型号与规格	数量	是否合格	更换或维修
1	三相异步电动机				
2	熔断器				
3	热继电器				
4	低压断路器				
5	交流接触器				
6	按钮				
7	端子板				
8	网孔板				
9	塑料硬铜线				
合计					

三、安装与接线

（一）识读元器件布置图并安装元器件

电动机两地控制电路的元器件布置图如图 2-7-3 所示。根据元器件布置和元件外形尺寸在控制板上画线，确定安装位置。安装后贴上醒目的文字符号。

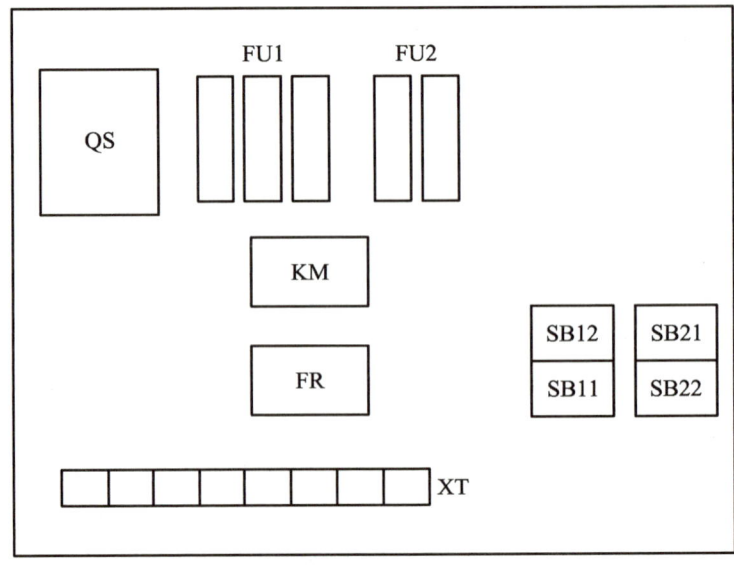

图 2-7-3　电动机两地控制电路元器件布置图

（二）布线工艺

电动机两地控制电路接线图如图 2-7-4 所示，其布线工艺必须按照具有过载保护接触器自锁正转线路的布线要求进行布线。

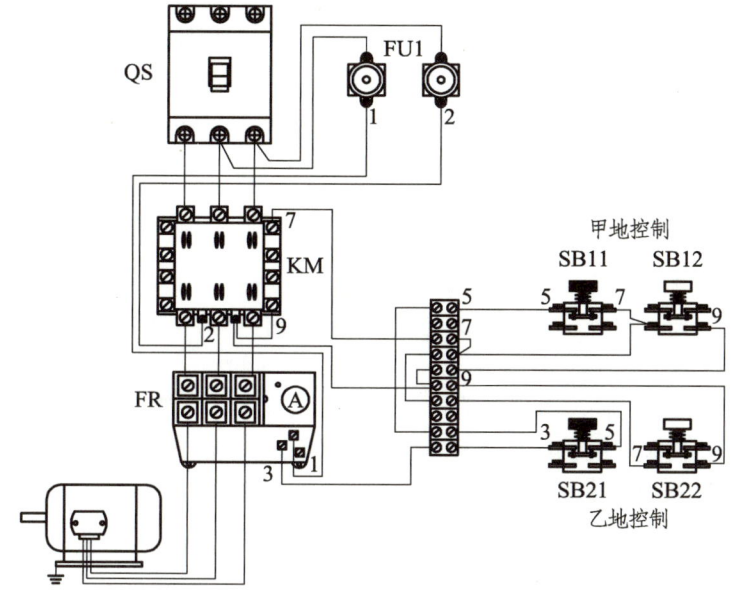

图 2-7-4　电动机两地控制电路接线图

（三）检查控制板布线

根据图 2-7-4 所示的安装接线图检查控制板布线是否正确。

（四）安装电动机

根据图 2-7-4 所示的安装接线图安装电动机。

（五）安装接线注意事项

电动机两地控制电路的安装接线注意事项主要包括：
（1）按钮内接线时，用力不可过猛，以防螺钉打滑。
（2）按钮内部的接线不要接错，起动按钮必须接动合（常开）触点（可用万用表的欧姆挡判别）。
（3）每个接头只能接两根线。
（4）电动机外壳必须可靠接 PE（保护接地）线。

四、不通电测试、通电测试及故障排除

（一）不通电测试

不通电测试的内容和注意事项主要包括：
（1）按照电气原理图或安装接线图，从电源端开始逐段核对接线及接线端子处是否正确、有无漏接和错接之处。检查导线接线端子是否符合要求，压接是否牢固。

（2）用万用表检查电路的通断情况。检查时，应选用适当倍率的电阻挡并进行校零，以防短路故障发生。

（3）检查控制电路时（可断开主电路），可将万用表表笔分别搭在 FU2 的进线端（W11）和零线（N）上，此时读数应为∞。按下起动按钮 SB11 或者 SB21 时，读数应为接触器线圈的电阻值；压下接触器 KM 的衔铁，读数也应为接触器线圈的电阻值。

（4）检查主电路时（可断开控制电路），可以用手压下接触器的衔铁来模拟接触器得电吸合时的情况，依次测量从电源端（L1、L2、L3）到电动机出线端子（U、V、W）上的每一相电路的电阻值，检查是否存在开路现象。

（二）通电测试

对电动机两地控制电路进行通电测试的内容主要包括：

（1）试车前，检查与通电试车有关的电气设备是否有不安全的因素存在，若查出应立即整改，然后才能试车。

（2）接上电源开关 QS 后，用测电笔检查熔断器出线端，氖管亮说明电源接通。

（3）按照具有过载保护接触器自锁控制线路的方法进行通电试车。

（4）通电试车完毕，停转，切断电源。先拆除三相电源线，再拆除电动机线。

（三）故障排除

操作过程中，如果出现不正常现象，应立即断开电源，分析故障原因，仔细检查电路（使用万用表），在实训老师认可的情况下才能再通电调试。

技能评定

一、安装、接线评定（30 分）

安装、接线的考核要求及评分标准见表 2-7-2。

表 2-7-2　安装、接线的考核要求及评分标准

内　容	考核要求	评分标准	扣　分
接线端	对螺栓式接线端子，连接导线时，应按顺时针旋转；对瓦片式接线端子，连接导线时，直接插入接线端子固定即可	一处错误扣 2 分	
	严禁损伤线芯和导线绝缘，接点上不能露太多铜丝	一处错误扣 2 分	
	每个接线端子上连接的导线根数一般以不超过两根为宜，并保证接线牢固	一处错误扣 1 分	
电工工艺	走线合理，做到横平竖直，整齐，各节点不能松动	一处错误扣 1 分	
	导线出线应留有一定余量，并做到长度一致	一处错误扣 1 分	
	导线变换走向要垂直，并做到高低一致或前后一致	一处错误扣 1 分	
	避免出现交叉线、架空线、缠绕线和叠压线的现象	一处错误扣 2 分	
	导线折弯应折成直角	一处错误扣 1 分	

续表

内 容	考核要求	评分标准	扣 分
整体布局	板面电路应合理汇集成线束	一处错误扣1分	
	进出线应合理汇集在端子板上	一处错误扣1分	
	整体走线应合理美观	酌情扣分	

二、不通电测试评定（20分，每错一处扣5分，扣完为止）

（一）主电路测试

合上电源开关QS，压下接触器KM的衔铁，使KM的主触点闭合，测量从电源端（L1、L2、L3）到出线端子的一相电路，将电阻值填入表2-7-3。

（二）控制电路测试

按下SB11按钮，测量控制电路两端，将电阻值填入表2-7-3。按下SB21按钮，测量控制电路两端，将电阻值填入表2-7-3。用手压下接触器KM衔铁，测量控制电路两端，将电阻值填入表2-7-3。

表2-7-3　三相笼型异步电动机多地控制电路的不通电测试记录

测试电路	电　路					
	主电路			控制电路（W11-N）		
操作步骤	合上QS，压下KM衔铁			按下SB11	按下SB21	压下KM衔铁
电阻值/Ω	L1-U	L2-V	L3-W			

三、通电测试评定（50分，每错一处扣10分，扣完为止）

在完成不通电测试后，接入电源通电测试。

按照顺序测试电路各项功能，每错一项扣10分，扣完为止。如出现某项功能错误，后面的功能均算错。将测试结果填入表2-7-4中。

表2-7-4　三相笼型异步电动机多地控制电路的通电测试记录

操作步骤	合上QS	按下SB11	按下SB21	按下SB12	按下SB22
电动机动作或接触器吸合情况					

四、7S管理

任务完成后拆线，整理工位，该区域由本人负责。

总结与评价的内容主要包括：

（1）总结本任务的主要知识点和技能，评价学生在任务实施过程中的表现。

（2）以小组为单位，进行工作总结，制作工作总结汇报资料，以演示文稿、展板、视频等方式汇报工作，展示成果。

（3）填写表 2-7-5 所示的工作评价表相关内容。

表 2-7-5　工作评价表

项目	评价内容	考核指标	分值	自评	互评	师评
一、职业能力（70分）						
任务实施过程	明确工作任务	清楚工作任务内容	2			
		制订工作计划详细、可行	2			
		分工明确、合理	2			
	工作准备	工具、材料和元器件清单正确	4			
		具备相关的专业知识	10			
		工艺文件（布局图和接线图）识读正确	10			
	任务执行过程	执行元件检测，检测方法与结果正确	2			
		工具、设备完好	2			
		安全作业、文明生产	2			
		创新能力和解决问题能力	4			
任务成果质量	电路工艺	电路安装规范、美观、质量好	10			
	电路功能	电路功能正确	20			
二、个人素养（30分）						
1	遵守课堂纪律	迟到扣2分、早退扣2分	5			
2	遵守实训车间的规章制度	优秀、基本达标、不合格	5			
3	认真完成学习任务	优秀、基本达标、不合格	5			
4	工作精益求精、严谨求实	优秀、基本达标、不合格	5			
5	良好沟通、团队合作	优秀、基本达标、不合格	5			
6	积极思考、敢于创新	优秀、基本达标、不合格	5			
		总分	100			
		教师签名：				

分析与思考

在电动机的多地控制中，起动按钮和停止按钮连接方式是什么？

任务 2.8　电动机顺序控制电路的安装与调试

任务描述

在生产过程中，有些生产机械需要多台电动机，因各台电动机的工作任务不一样，有时需要按一定顺序起动或停止，才能保证操作过程的合理和工作的安全可靠。例如，图 2-8-1 所示的 X62W 万能铣床的主轴电动机和冷却泵电动机即采用顺序控制，且主轴电动机起动后冷却泵电动机才能起动。

图 2-8-1　X62W 万能铣床

任务目标

（1）掌握电动机顺序起动、逆序停止的控制方法。
（2）掌握电动机顺序起动、逆序停止控制方法的原理、功能、用途，以及电气元件之间的布置、连接和安装关系。
（3）掌握电动机顺序起动、逆序停止控制电路的主电路和控制电路的安装、调试方法。

任务准备

一、X62W 万能铣床

图 2-8-2 所示的三相异步电动机顺序控制电路原理图明确了所用的元器件，主电路主要包括空气断路器、熔断器和 2 个交流接触器主触点、2 个热继电器热元件、2 台电动机等，控制电路主要包括熔断器、2 组起动和停止按钮、2 个交流接触器线圈等。

由图 2-8-2 可知，按下主轴电动机起动按钮 SB1，主轴接触器 KM1 线圈得电，主轴转动；同时在冷却泵这条支路的 KM1 常开触点闭合，按下冷却泵电动机起动按钮 SB2，冷却泵接触器

KM2 线圈得电,冷却泵电动机开始工作,这是顺序起动。

按下冷却泵电动机停止按钮 SB4,冷却泵接触器线圈 KM2 先失电,冷却泵电动机 M2 停止工作;同时在主轴这条支路上的 KM2 的常开触点断开,按下主轴电动机停止按钮 SB3,主轴接触器 KM1 线圈失电,主轴电动机 M1 停止工作,这是逆序停止。

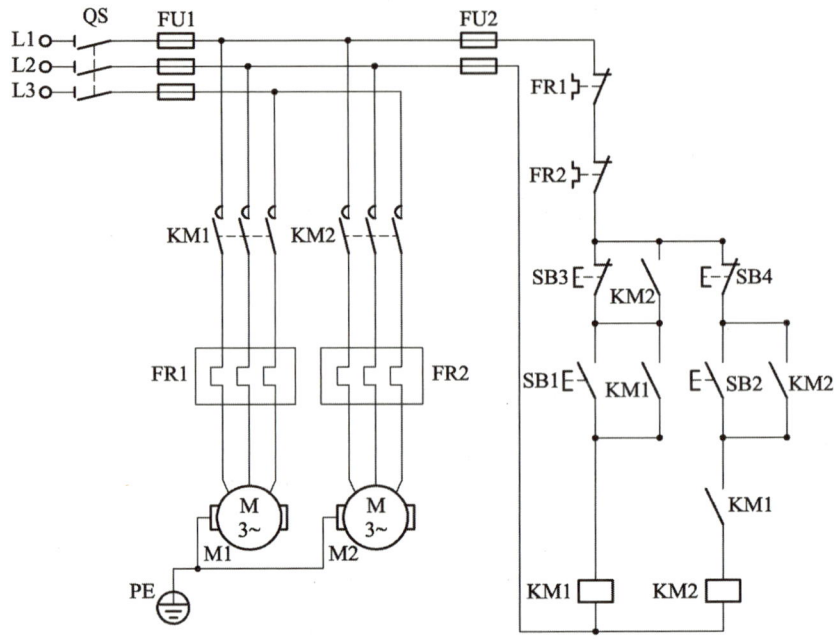

图 2-8-2 两台电动机顺序起动、逆序停止原理图

二、顺序起动、逆序停止的控制原理

为了保证操作过程的合理以及设备安全可靠工作,机械设备的多台电动机有时需要按一定的顺序起动或停止,如 CA6140 型普通车床的主轴电动机起动后其冷却泵电动机才能起动,X62W 型铣床工作台的进给电动机只有在主轴电动机运行后才能起动。机械设备中多台电动机按照一定的先后顺序起动、停止的控制方式,称为电动机的顺序起动、逆序停止控制。

图 2-8-2 所示两台电动机顺序起动、逆序停止的控制电路主要包括:

(1) 闭合断路器 QS。

(2) M1、M2 顺序起动。

按下按钮 SB1,KM1 线圈得电,M1 控制线路中 KM1 常开触点闭合;KM1 自锁触点闭合自锁;KM1 主触点闭合,电动机 M1 起动。

再按下按钮 SB2,KM2 线圈得电,M2 控制线路中 KM2 常开触点闭合;KM2 自锁触点闭合自锁;KM2 主触点闭合;电动机 M2 起动。

如果在按下按键 SB1 之前先按下按键 SB2,由于 KM1 线圈没电,KM1 常开触点断开,所以 KM2 不得电,KM2 无法工作。由此可见,M2 无法在 M1 之前起动。M1、M2 的起动顺序为 M1 先起动后才能起动 M2。

(3) M1、M2 逆序停止。

如果先按下按钮 SB3,由于 KM2 的辅助触点将其短路,SB3 不起作用,电动机 M1、M2 正常运转。如果按下按钮 SB4，KM2 线圈失电，KM2 自锁触点断开，KM2 主触点断开，电动机 M2 停止运转。

再按下按钮 SB3，由于 KM2 线圈失电，KM2 常开触点处于断开状态，KM1 线圈失电，KM1 主触点断开，电动机 M1 停止运转。

由此可见，M1、M2 的停止顺序为 M2 先停止运转后才能使 M1 停止运转。

任务实施

一、实训准备

实训需要准备的工器具主要包括：

（1）工具。

实训需要准备的工具主要包括螺丝刀（十字、一字）、电笔、剥线钳、尖嘴钳、老虎钳等。

（2）仪表。

实训需要准备的仪表主要包括兆欧表、万用表。

（3）器材。

实训需要准备的器材主要包括：

①低压断路器 1 只。

②熔断器 4 只。

③交流接触器 2 只。

④热继电器 2 只。

⑤按钮 3 只（红、绿、黑各 1）或组合按钮 1 只（按钮数 3）。

⑥接线端子排 1 个（10 节左右）。

⑦三相交流异步电动机 2 台。

⑧安装网孔板和导线若干。

二、检测元器件

按照操作规范流程检测并记录表 2-8-1 所示的元器件。

表 2-8-1　元器件记录表

序号	名称	型号与规格	数量	是否合格	更换或维修
1	三相异步电动机				
2	熔断器				
3	热继电器				
4	低压断路器				
5	交流接触器				
6	按钮				
7	端子板				
8	网孔板				
9	塑料硬铜线				
	合计				

三、安装与接线

(一) 识读元器件布置图并安装元器件

两台电动机顺序起动、逆序停止电路元器件布置图如图 2-8-3 所示。根据元器件布置图和元件外形尺寸在控制板上画线,确定安装位置。固定安装后贴上醒目的文字符号。

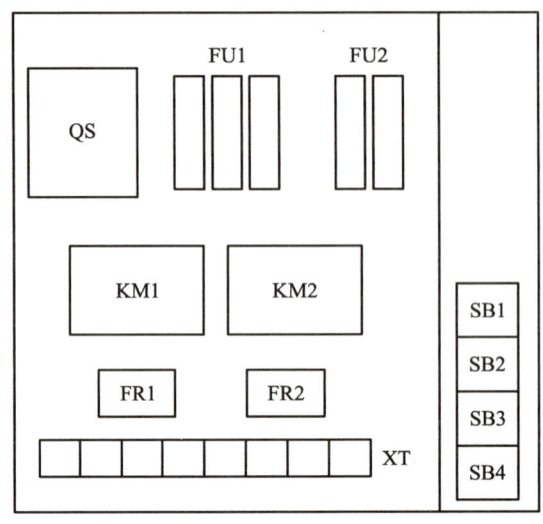

图 2-8-3　两台电动机顺序起动、逆序停止电路元器件布置图

(二) 布线工艺

两台电动机顺序控制、逆序停止电路接线图如图 2-8-4 所示,其布线工艺可以按照接线图进行板前线槽配线,并在导线端部套编码套管和冷压接线头。

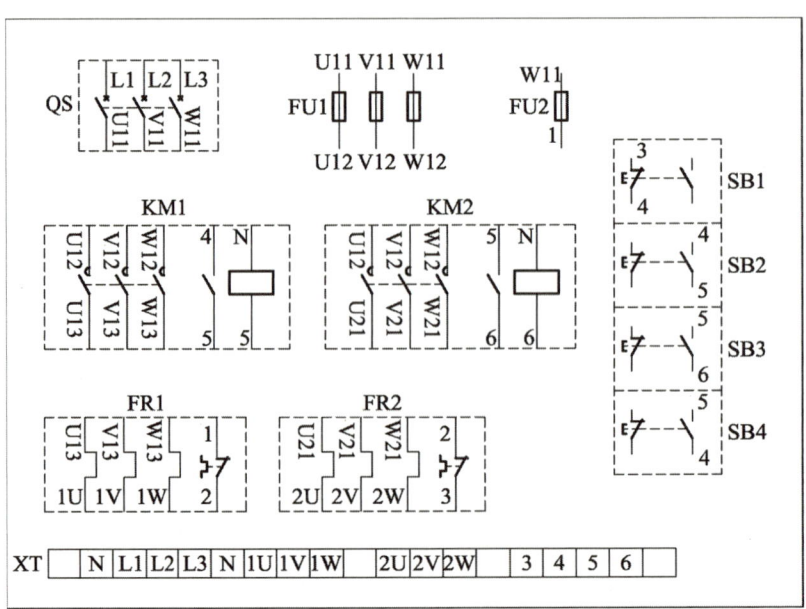

图 2-8-4　两台电动机顺序起动、逆序停止电路接线图

(三) 检查控制板布线

根据图 2-8-4 所示的安装接线图检查控制板布线是否正确。

(四) 安装电动机

根据图 2-8-4 所示的安装接线图安装电动机。

(五) 安装接线注意事项

两台电动机顺序起动、逆序停止电路的主电路和控制电路安装接线的注意事项主要包括：
（1）按钮内接线时，用力不可过猛，以防螺钉打滑。
（2）按钮接线不要接错，起动按钮必须接动合（常开）触点（可用万用表的欧姆挡判别）。
（3）电动机外壳必须可靠接 PE 线（保护接地线）。

四、不通电测试、通电测试及故障排除

(一) 不通电测试

不通电测试的内容及注意事项主要包括：
（1）按电气原理图或安装接线图，从电源端开始逐段核对接线及接线端子处是否连接正确、有无漏接和错接之处。检查导线接线端子是否符合要求，压接是否牢固。
（2）用万用表检查电路的通断情况。检查时选用适当倍率的电阻挡并进行校零，以防短路故障发生。
（3）检查控制电路时（可断开主电路），可用万用表表笔分别搭在 FU2 的出线端（W11）和零线（N）上，此时读数应为 ∞。按下起动按钮 SB1，读数应为接触器 KM1 线圈的电阻值；用手压下 KM1 的衔铁，使 KM1 的动合（常开）触点闭合，读数也应为接触器 KM1 线圈的电阻值。同时按下 SB2、SB3 或同时压下 KM1、KM2 的衔铁，万用表读数应为 KM1 和 KM2 线圈电阻值的并联。
（4）检查主电路时（可断开控制电路），可以用手压下接触器的衔铁来模拟接触器得电吸合时的情况，依次测量从电源端到电动机出线端子上的每一相电路的电阻值，检查是否存在开路现象。
（5）利用兆欧表检查电路的绝缘电阻，不得小于 0.5 MΩ。

(二) 通电测试

对两台电动机顺序起动、逆序停止电路进行通电测试的内容主要包括：
（1）合上断路器 QS，引入三相电源。
（2）按下起动按钮 SB1，KM1 线圈得电吸合自锁，电动机 M1 起动运转。
（3）按下起动按钮 SB2，KM2 线圈得电吸合自锁，电动机 M2 起动运转。
（4）按下停止按钮 SB1，两台电动机都停止。若起动时先按下按钮 SB3，接触器 KM1、KM2 线圈都不能得电，两台电动机都不工作。

(三) 故障排除

操作过程中，如果出现不正常现象，应立即断开电源，分析故障原因，仔细检查电路（使

用万用表），在实训老师认可的情况下才能再通电调试。

一、安装、接线评定（30 分）

安装、接线的考核要求及评分标准见表 2-8-2。

表 2-8-2　安装、接线的考核要求及评分标准

内容	考核要求	评分标准	扣分
接线端	对螺栓式接线端子，连接导线时，应按顺时针旋转；对瓦片式接线端子，连接导线时，直接插入接线端子固定即可	一处错误扣 2 分	
	严禁损伤线芯和导线绝缘，接点上不能露太多铜丝	一处错误扣 2 分	
	每个接线端子上连接的导线根数一般以不超过两根为宜，并保证接线牢固	一处错误扣 1 分	
电工工艺	走线合理，做到横平竖直，整齐，各节点不能松动	一处错误扣 1 分	
	导线出线应留有一定余量，并做到长度一致	一处错误扣 1 分	
	导线变换走向要垂直，并做到高低一致或前后一致	一处错误扣 1 分	
	避免出现交叉线、架空线、缠绕线和叠压线的现象	一处错误扣 2 分	
	导线折弯应折成直角	一处错误扣 1 分	
整体布局	板面电路应合理汇集成线束	一处错误扣 1 分	
	进出线应合理汇集在端子板上	一处错误扣 1 分	
	整体走线应合理美观	酌情扣分	

二、不通电测试评定（20 分，每错一处扣 5 分，扣完为止）

（一）主电路测试

合上电源开关 QS，压下接触器 KM1（或 KM2）的衔铁，使 KM1（或 KM2）的主触点闭合，测量从电源端（L1、L2、L3）到出线端子（1U、1V、1W）和出线端子（2U、2V、2W）上的每一相电路，将电阻值填入表 2-8-3。（4 分，错 1 处扣 2 分，扣完为止）

表 2-8-3　两台三相笼型异步电动机顺序控制主电路不通电测试记录

电路类型	主电路					
操作步骤	L1-1U	L2-1V	L3-1W	L1-2U	L2-2V	L3-2W
电阻值/Ω						

（二）控制电路测试

按下 SB1 按钮，测量控制电路两端，将电阻值填入表 2-8-4。按下 SB2 按钮，测量控制电路两端，将电阻值填入表 2-8-4。同时按下 SB1、SB2 或同时用手压下接触器 KM1、KM2 衔铁，测量控制电路网端，将电阻值填入表 2-8-4。（16 分，错 1 处扣 4 分，扣完为止）

表 2-8-4　两台三相笼型异步电动机顺序控制控制电路不通电测试记录

电路	控制电路两端（W11-N）			
操作步骤	按下 SB1	按下 SB2	同时按下 SB1、SB2	同时压下 KM1、KM2 衔铁
电阻值/Ω				

三、通电测试评定（50 分，每错一处扣 10 分，扣完为止）

在完成不通电测试后，接入电源进行通电测试。

按照顺序测试电路各项功能，每错一项扣 10 分，扣完为止。如出现某项功能错误，后面的功能均算错。将测试结果填入表 2-8-5 中。

表 2-8-5　两台三相笼型异步电动机顺序控制的电路通电测试记录

操作步骤	合上 QS	按下 SB1	按下 SB3	按下 SB2	再次按下 B3	再次按下 B1
电动机动作或接触器吸合情况						

四、7S 管理

任务完成后拆线，整理工位，该区域由本人负责。

总结与评价

总结与评价的内容主要包括：

（1）总结本任务的主要知识点和技能，评价学生在任务实施过程中的表现。

（2）以小组为单位，进行工作总结，制作工作总结汇报资料，以演示文稿、展板、视频等方式汇报工作，展示成果。

（3）填写表 2-8-6 所示的工作评价表相关内容。

表 2-8-6　工作评价表

项目	评价内容	考核指标	分值	自评	互评	师评
		一、职业能力（70 分）				
任务实施过程	明确工作任务	清楚工作任务内容	2			
		制订工作计划详细、可行	2			
		分工明确、合理	2			
	工作准备	工具、材料和元器件清单正确	4			
		具备相关的专业知识	10			
		工艺文件（布局图和接线图）识读正确	10			
	任务执行过程	执行元件检测，检测方法与结果正确	2			
		工具、设备完好	2			
		安全作业、文明生产	2			
		创新能力和解决问题能力	4			

续表

项目	评价内容	考核指标	分值	自评	互评	师评
任务成果质量	电路工艺	电路安装规范、美观、质量好	10			
	电路功能	电路功能正确	20			
二、个人素养（30分）						
遵守纪律	遵守课堂纪律	迟到扣2分、早退扣2分	5			
	遵守实训车间的规章制度	优秀、基本达标、不合格	5			
学习态度	认真完成学习任务	优秀、基本达标、不合格	5			
	工作精益求精、严谨求实	优秀、基本达标、不合格	5			
团队和创新精神	良好沟通、团队合作	优秀、基本达标、不合格	5			
	积极思考、敢于创新	优秀、基本达标、不合格	5			
总分			100			
			教师签名：			

分析与思考

如何实现两台三相笼型异步电动机的先后起动，停止时先停止最先起动的电动机？

任务 2.9　电动机制动控制电路的安装与调试

> 任务描述

电动机断开电源后,由于惯性不会马上停止转动,需要转动一段时间才会完全停止,这种情况不适合于某些生产机械,如起重机的吊钩需要准确定位。图 2-9-1 所示的万能铣床要求立即停转,为了满足生产机械的这种要求就需要对电动机进行制动。

图 2-9-1　万能铣床

电动机制动的方法主要包括机械制动和电力制动,一般采用电力制动中的反接制动。反接制动是将运转中的电动机电源反接,改变电动机定子绕组中的电源相序,从而使定子绕组的旋转磁场反向,转子受到与原旋转方向相反的制动力矩而迅速停转。

> 任务目标

(1) 掌握电动机制动控制方法。
(2) 掌握电动机反接制动控制方法的原理、功能、用途,以及电气元件之间的布置、连接和安装关系。
(3) 掌握电动机反接制动电路的主电路和控制电路的安装、调试方法。

> 任务准备

一、反接制动的原理

(一) 制动的分类

常用的制动方法包括电气制动和机械制动。

电气制动是指电动机断开电源后，其内部产生一个与原旋转方向相反的制动力矩，迫使电动机迅速停车。

机械制动是指电动机断开电源后，利用机械装置迫使电动机迅速停车。

三相交流异步电动机常用的电气制动方法包括反接制动、能耗制动等。

（二）电动机的反接制动

反接制动是指改变电动机三相电源的相序，使定子绕组产生的旋转磁场反向旋转，在转子绕组上产生与转子旋转方向相反的制动转矩来使电动机快速停转的一种制动方式。当转子转速接近于 0 时，应立即切断电动机电源，否则，电动机将会反向转动。

二、速度继电器

速度继电器主要用于笼形异步电动机的反接制动控制。速度继电器的结构原理及图形、文字符号如图 2-9-2 所示。

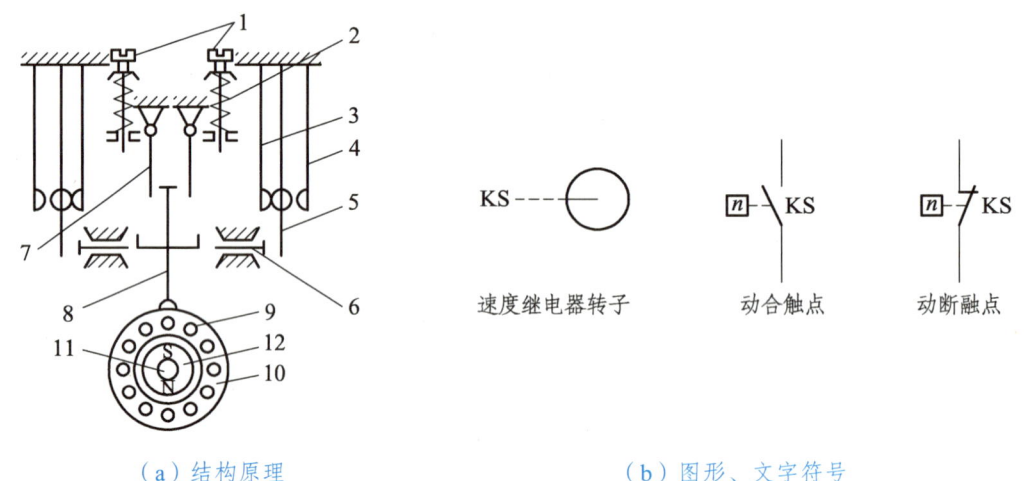

（a）结构原理　　　　　　　　（b）图形、文字符号

1—调节螺钉；2—反力弹簧；3—常闭触点；4—动触点；5—常开触点；6—推杆；
7—返回杠杆；8—杠杆；9—笼型绕组；10—定子；11—转轴；12—转子。

图 2-9-2　速度继电器的结构原理及图形、文字符号

速度继电器主要由定子、转子和触点三部分组成。定子是一个笼形空心圆环，由硅钢片叠成并装有笼型绕组；转子是一个圆柱形永久磁铁，与电动机同轴连接，随着电动机旋转而旋转，定子空套在转子上。

当转子随电动机转动时，旋转磁场与定子绕组磁感应线相切割，产生感应电动势及感应电流，定子随着转子转动起来。定子转动时带动推杆，推杆推动触点，使动合触点闭合，动断触点断开。当电动机转速低于某一数值时，定子产生的转矩减小，触点在簧片作用下复位。一般速度继电器触点的动作转速为 120 r/min 左右，复位转速在 100 r/min 以下。

常用的速度继电器包括 JY1 型和 JFZO 型系列。速度继电器的额定工作速度有 200~1 000 r/min 和 1 000~3 000 r/min 两种，可以根据电动机的额定转速、触点的种类和数量选择速度继电器。

三、电动机反接制动电路图

为了防止电动机反接制动时反向转动,电路中需要采取一定的措施,通常的方法是采用速度继电器来检测电动机的转速,在转子转速接近于零时自动切断电源。

电动机反接制动电路图如图 2-9-3 所示。KM1 得电时,电动机正常工作;KM2 得电时,使电源反接,进行反接制动。

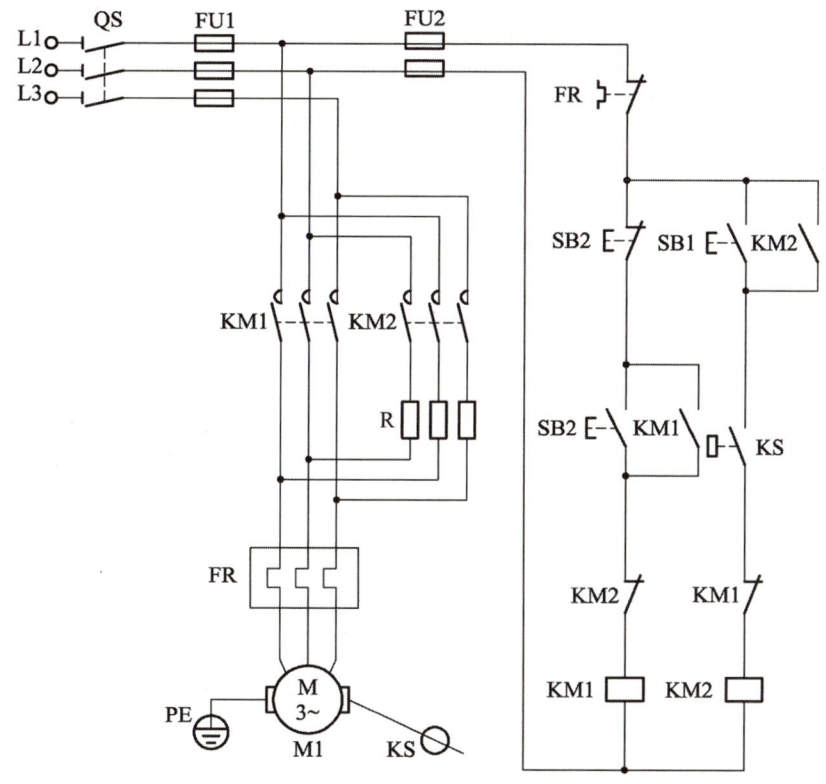

图 2-9-3　反接制动电路原理图

电动机反接制动的主电路与正反转的主电路基本相同,只是增加了三个电阻 R,这是由于反接制动时冲击电流很大,可起限流保护作用。

电动机反接制动控制电路的特点是在交流接触器 KM2 的电路中串联了速度继电器 KS 的动合触点。电动机正常工作时保持高速运转状态,KS 的动合触点闭合,为反接制动做好准备。

电动机制动停止的过程主要包括:

(1) 按下 SB1,KM1 线圈断电,电动机脱离电源。

(2) 按下 SB1,使得 KM2 线圈得电,KM2 常开触点闭合,KM2 线圈得电自锁;

(3) KM2 开关触点闭合,电动机 M1 的定子绕组接入反向电源,进入反接制动状态。

(4) 电动机 M1 转速迅速接近于 0,KS 触点断开,KM2 线圈断电,反接制动结束。

反接制动的优点是制动力强、制动迅速。

反接制动的缺点是制动准确性差,制动过程中冲击强烈,易损坏传动零件,制动能量消耗大,不宜经常制动。

因此反接制动一般适用于要求制动迅速、系统惯性较大、不经常起动和制动的场合。

任务实施

一、实训准备

实训需要准备的工器具主要包括:

(1) 工具。

实训需要准备的工具主要包括螺丝刀(十字、一字)、电笔、剥线钳、尖嘴钳、老虎钳等。

(2) 仪表。

实训需要准备的仪表主要包括兆欧表、万用表。

(3) 器材。

实训需要准备的器材主要包括:

①低压断路器 1 只。

②螺旋式熔断器 5 只。

③交流接触器 2 只。

④热继电器 1 只。

⑤按钮 2 只(红 1、绿 1)。

⑥速度继电器 1 个。

⑦接线端子排 1 个(10 节左右)。

⑧三相交流异步电动机 1 台。

⑨安装网孔板和导线若干。

二、检测元器件

按照操作规范流程检测并记录表 2-9-1 所示的元器件。

表 2-9-1 元器件记录表

序号	名称	型号与规格	数量	是否合格	更换或维修
1	三相异步电动机				
2	熔断器				
3	热继电器				
4	低压断路器				
5	交流接触器				
6	按钮				
7	速度继电器				
8	端子板				
9	网孔板				
10	塑料硬铜线				
	合计				

三、安装与接线

(一) 识读元器件布置图并安装元器件

反接制动电路元器件布置图如图 2-9-4 所示。根据元器件布置图和元件外形尺寸在控制板上画线，确定安装位置。固定安装后贴上醒目的文字符号。

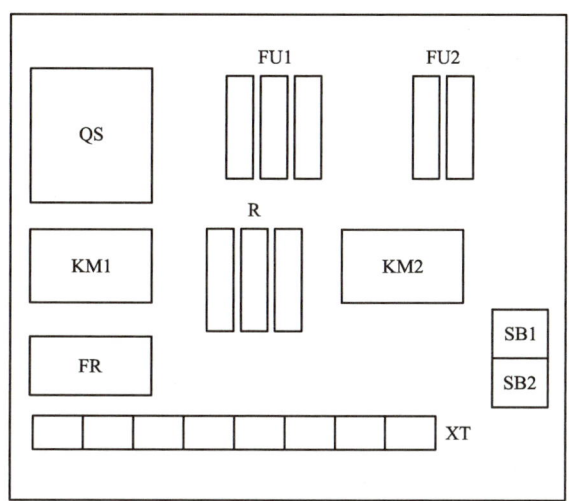

图 2-9-4　反接制动电路元器件布置图

(二) 布线工艺

反接制动电路接线图如图 2-9-5 所示，其布线工艺严格按照接线图进行板前线槽配线。

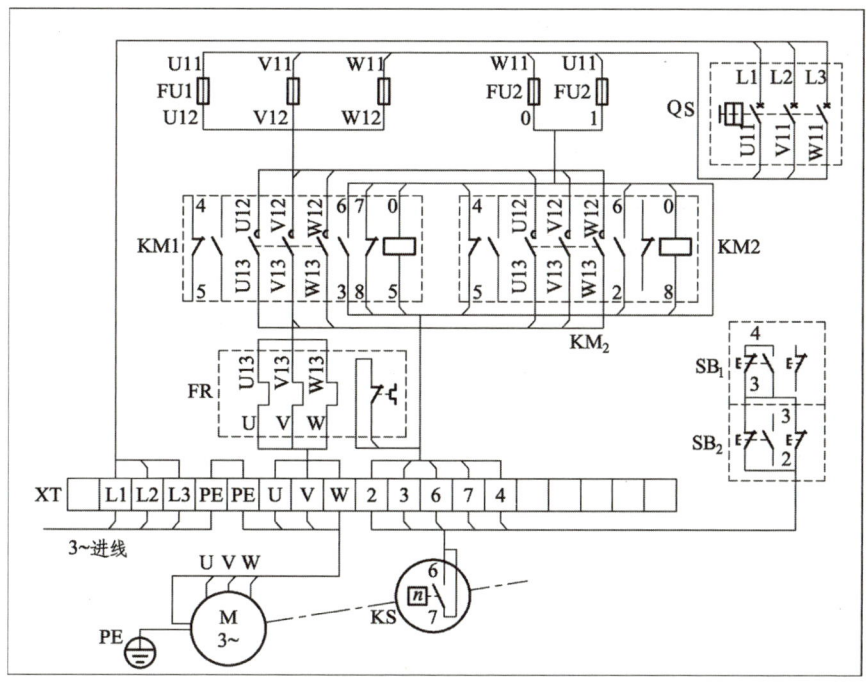

图 2-9-5　反接制动电路接线图

（三）检查控制板布线

根据图 2-9-5 所示的安装接线图检查控制板布线是否正确。

（四）安装电动机

根据图 2-9-5 所示的安装接线图安装电动机。

（五）安装接线注意事项

反接制动电路的主电路和控制电路安装接线的注意事项主要包括：
（1）按钮内接线时，用力不可过猛，以防螺钉打滑。
（2）按钮内部的接线不要接错，起动按钮必须接动合（常开）触点（可用万用表的欧姆挡判别）。
（3）每个接头只能接两根线。
（4）电动机外壳必须可靠接 PE（保护接地）线。

四、不通电测试、通电测试及故障排除

（一）不通电测试

对电动机反接制动电路进行不通电测试的内容主要包括：
（1）按电气原理图或安装接线图，从电源端开始逐段核对接线及接线端子处是否正确、有无漏接和错接之处。检查导线接线端子是否符合要求，压接是否牢固。
（2）用万用表检查电路的通断情况。检查时，应选用适当倍率的电阻挡并进行校零，以防短路故障发生。
（3）检查控制电路时（可断开主电路），将万用表表笔分别搭在 FU2 的进线端（W11）和零线（N）上，此时读数应为 ∞。按下起动按钮 SB2 时，读数应为接触器线圈的电阻值；压下接触器 KM 的衔铁，读数也应为接触器线圈的电阻值。
（4）检查主电路时（可断开控制电路），用手压下接触器 KM1 的衔铁模拟接触器得电吸合时的情况，依次测量从电源端（L1、L2、L3）到电动机出线端子（U、V、W）上的每一相电路的电阻值，检查是否存在开路现象。

（二）通电测试

对电动机反接制动电路进行通电测试的内容主要包括：
（1）合上断路器 QS，引入三相电源，按下起动按钮 SB2，接触器 KM1 的线圈通电，衔铁吸合，接触器 KM1 的主触点闭合，电动机 M1 接通电源直接起动运转。
（2）松开 SB2 时，KM1 线圈失电，电动机 M1 停止。

（三）故障排除

操作过程中，如果出现不正常现象，应立即断开电源，分析故障原因，仔细检查电路（使用万用表），在实训老师认可的情况下才能再通电调试。

技能评定

一、安装、接线评定（30 分）

安装、接线的考核要求及评分标准见表 2-9-2。

表 2-9-2　安装、接线的考核要求及评分标准

内容	考核要求	评分标准	扣分
接线端	对螺栓式接线端子，连接导线时，应按顺时针旋转；对瓦片式接线端子，连接导线时，直接插入接线端子固定即可	一处错误扣 2 分	
接线端	严禁损伤线芯和导线绝缘，接点上不能露太多铜丝	一处错误扣 2 分	
接线端	每个接线端子上连接的导线根数一般以不超过两根为宜，并保证接线牢固	一处错误扣 1 分	
电工工艺	走线合理，做到横平竖直，整齐，各节点不能松动	一处错误扣 1 分	
电工工艺	导线出线应留有一定余量，并做到长度一致	一处错误扣 1 分	
电工工艺	导线变换走向要垂直，并做到高低一致或前后一致	一处错误扣 1 分	
电工工艺	避免出现交叉线、架空线、缠绕线和叠压线的现象	一处错误扣 2 分	
电工工艺	导线折弯应折成直角	一处错误扣 1 分	
整体布局	板面电路应合理汇集成线束	一处错误扣 1 分	
整体布局	进出线应合理汇集在端子板上	一处错误扣 1 分	
整体布局	整体走线应合理美观	酌情扣分	

二、不通电测试评定（20 分，每错一处扣 5 分，扣完为止）

（一）主电路测试

使用万用表电阻挡，合上电源开关 QS，压下接触器 KM1 衔铁，使 KM1 主触点闭合，测量从电源端到电动机出线端子上的每一相电路，将电阻值填入表 2-9-3。

（二）控制电路测试

按下 SB2 按钮，测量控制电路两端，将电阻值填入表 2-9-3。压下接触器 KM1 衔铁，测量控制电路两端，将电阻值填入表 2-9-3。

表 2-9-3　电动机反接制动电路的不通电测试记录

电路类型	电路			控制电路（W11-N）	
	主电路			控制电路（W11-N）	
操作步骤	合上 QS，压下 KM1 衔铁			按下 SB2	压下 KM1 衔铁
电阻值/Ω	L1-U	L2-V	L3-W		

三、通电测试评定（50 分，每错一处扣 10 分，扣完为止）

在使用万用表检测后，接入电源进行通电测试，注意点动测试不能持续按下按钮，否则会损坏电动机及其电路。

按照顺序测试电路各项功能，每错一项扣 10 分。如果出现某项功能错误，则后面的功能均算错。将测试结果填入表 2-9-4 中。

表 2-9-4　电动机反接制动电路的通电测试记录

操作步骤	合上 QS	按下 SB1	按下 SB2	松开 SB2	再次按下 SB1
电动机动作或接触器吸合情况					

四、7S 管理

任务完成后拆线，整理工位，该区域由本人负责。

总结与评价

总结与评价的内容主要包括：

（1）总结本任务的主要知识点和技能，评价学生在任务实施过程中的表现。

（2）以小组为单位，进行工作总结，制作工作总结汇报资料，以演示文稿、展板、视频等方式汇报工作，展示成果。

（3）填写表 2-9-5 所示的工作评价表相关内容。

表 2-9-5　工作评价表

项目	评价内容	考核指标	分值	自评	互评	师评
一、职业能力（70 分）						
任务实施过程	明确工作任务	清楚工作任务内容	2			
		制订工作计划详细、可行	2			
		分工明确、合理	2			
	工作准备	工具、材料和元器件清单正确	4			
		具备相关的专业知识	10			
		工艺文件（布局图和接线图）识读正确	10			
	任务执行过程	执行元件检测，检测方法与结果正确	2			
		工具、设备完好	2			
		安全作业、文明生产	2			
		创新能力和解决问题能力	4			
任务成果质量	电路工艺	电路安装规范、美观、质量好	10			
	电路功能	电路功能正确	20			

续表

	二、个人素养（30分）					
1	遵守课堂纪律	迟到扣2分、早退扣2分	5			
2	遵守实训车间的规章制度	优秀、基本达标、不合格	5			
3	认真完成学习任务	优秀、基本达标、不合格	5			
4	工作精益求精、严谨求实	优秀、基本达标、不合格	5			
5	良好沟通、团队合作	优秀、基本达标、不合格	5			
6	积极思考、敢于创新	优秀、基本达标、不合格	5			
	总分		100			
		教师签名：				

分析与思考

一、在反接制动控制电路中，按下停止按钮 SB1，电动机不能很快停转，可能的原因有哪些？

_____
_____
_____
_____
_____
_____

二、怎样诊断反接制动控制电路的故障点？

_____
_____
_____
_____
_____

项目三
典型机床电气电路的故障检修

项目描述

在机械生产加工过程中,总是发生一些故障,这些故障可分为机械故障、电气故障、气路液压故障等。以典型机床如 CA6140 型卧式车床、X62W 型万能卧式铣床、Z3040 型摇臂钻床为例,说明电气故障的表现形式、故障产生的原因以及故障的诊断方法。

项目任务

(1)掌握分析机床电气工作状态及操作的方法。
(2)掌握分析机床电路图的方法。
(3)掌握分析机床电气元件的分布位置和走线情况的方法。
(4)掌握分析机床故障的分析和诊断方法。
(5)掌握机床电气电路故障的检修方法。

项目目标

1. 知识目标

(1)了解典型机床的组成及各部分的作用。
(2)掌握典型机床的电气控制原理图。

2. 能力目标

(1)读懂电气图纸,了解电气控制线路的组成。
(2)掌握电气系统典型机床的故障诊断与维修方法,正确对故障定位并排除。
(3)熟悉其他电气/电工的技术资料,阅读和分析车床电气原理图。
(4)熟悉电气的检测仪器。

3. 素质目标

(1)形成良好的职业素养。
(2)培养学生严谨的工作态度。
(3)培养团结协作的工作作风。

任务 3.1　CA6140 型卧式车床电气电路的故障检修

任务描述

车间工人进入车间准备对一个材料进行车削外圆，当车床上电后按下旋转主轴电机的操作按钮，主轴电机未起动，车削工作无法进行。检查机械系统未发现故障，初步判断是电气系统发生故障。对于这类故障，该如何进行检修？

任务目标

（1）掌握车床电气电路的常见故障类型。
（2）掌握车床电气电路的故障诊断方法。
（3）掌握车床电气电路的故障修复方法。

任务准备

一、CA6140 型卧式车床

车床是一种应用极为广泛的金属切削机床，能够车削外圆、内圆、端面、螺纹、螺杆以及车削定型表面，并可用钻头、绞刀等进行加工。普通车床包括两个主要的运动部分，一是车床主轴运动，即卡盘或顶尖带着工件的旋转运动；另一个是溜板带着刀架的直线运动，称"进给运动"。

CA6140 型卧式车床是一种常见的车床，主要由床身、主轴箱、进给箱、溜板箱、刀架、丝杠、光杠、尾座等部分组成，如图 3-1-1 所示。

（一）CA6140 型车床控制要求

CA6140 型车床控制要求主要包括：

（1）主轴电动机一般选用三相交流笼型异步电动机，不进行电气调速，采用齿轮箱进行机械有级调速。为了减小振动，主轴电动机通过几条 V 带将动力传递到主轴箱。
（2）车床在车削螺纹时，主轴通过机械的方法实现主轴的正反转。
（3）主轴电动机的起动、停止采用按钮操作。
（4）刀架移动与主轴转动有固定的比例关系，以满足对螺纹加工的需要。
（5）车削加工时，由于刀具及工件温度过高，有时需要冷却，配有冷却泵电动机。在主轴起动后，根据需要决定冷却泵电动机是否工作。
（6）必须具有过载、短路、欠压和失压保护功能。
（7）具有安全的局部照明装置。

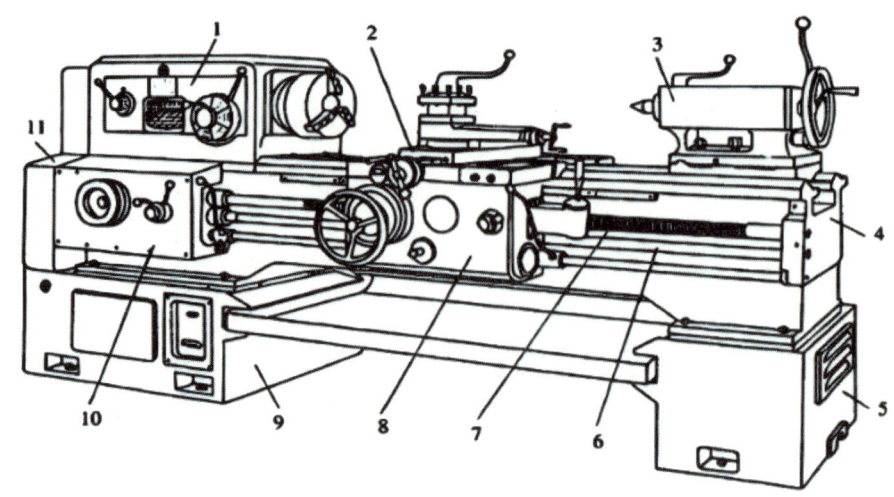

1—主轴箱；2—刀架；3—尾座；4—床身；5，9—床腿；6—光杠；7—丝杠；
8—溜板箱；10—进给箱；11—挂轮变速机构。

图 3-1-1　CA6140 型卧式车床结构图

（二）CA6140 型卧式车床电气控制线路分析

CA6140 型卧式车床电气控制线路原理图如图 3-1-2 所示。电路图中每部分电路在机床电气操作中的功能、名称，用文字标明在电路图上部的用途栏内；线号可顺序标注，也可以以线圈为分界点，一端为偶数，另一端为奇数标注；为便于确定图上的内容、元器件触点的查找，将电路图按功能划分为若干图区，每个分区内竖边方向用大写英文字母表示，横边方向用阿拉伯数字依次表示；在继电器线圈下面，将其触点分为动合、动断形式，并用数字表示其在图中的区号。

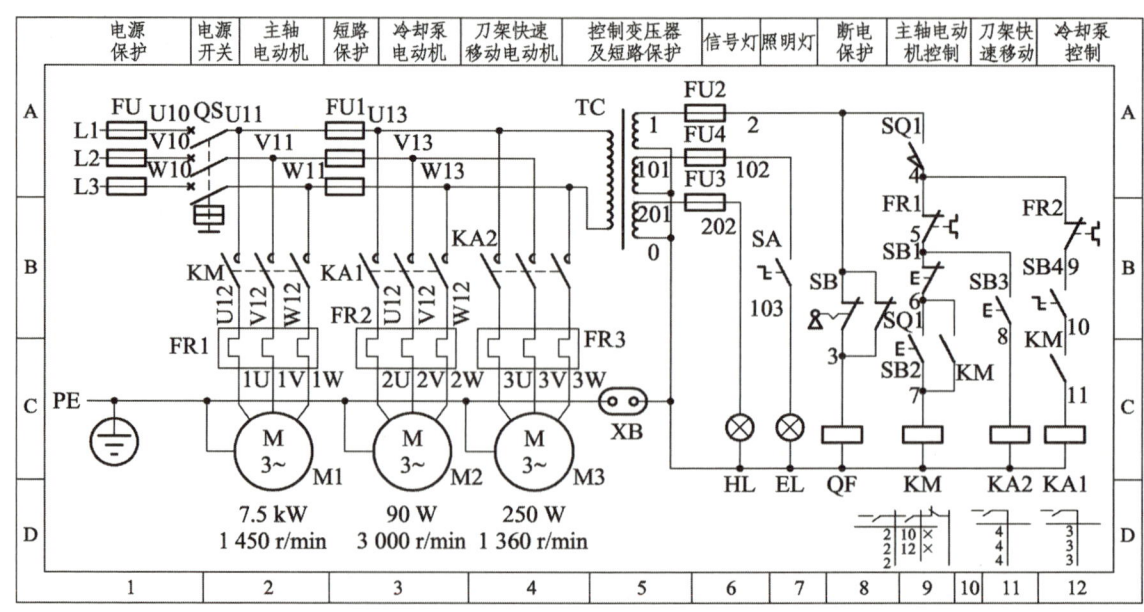

图 3-1-2　CA6140 型卧式机床电气控制原理图

1. 主轴电动机 M1 的控制

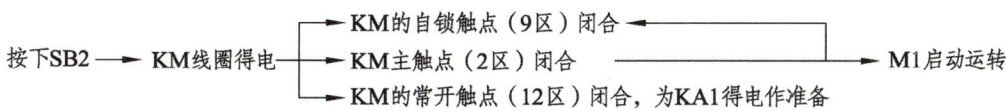

按下SB1 → KM线圈断电 → KM主触点复位 → M1断开三相交流电，停止旋转

2. 冷却泵电动机 M2 的控制

M2 与 M1 采用顺序控制。KM 线圈得电，M1 起动后再按下 SB4，KA1 线圈得电，M2 才能起动。KM 线圈断电，M1 停转，M2 自动停止运行。

3. 快速移动电动机 M3 控制

快速移动电动机 M3 的起动和停止，由按钮 SB3 和继电器 KA2 组成点动控制。刀架移动方向（前、后、左、右）的改变，是由进给操作手柄配合机械装置实现的。如需要快速移动，按下 SB3 即可。

二、机床电气电路故障检查的常用方法

机床电气电路故障检查方法主要包括电压测量法、电阻测量法、短接法、等效替代法等。本部分主要介绍电压测量法和电阻测量法。

（一）电压测量法

电压测量法是指利用万用表电压挡，通过测量机床电气电路上某两点间的电压值来判断故障点的范围或故障元器件的方法。

1. 电压分阶测量法

电压分阶测量法示意图如图 3-1-3 所示，该方法的测试内容主要包括：

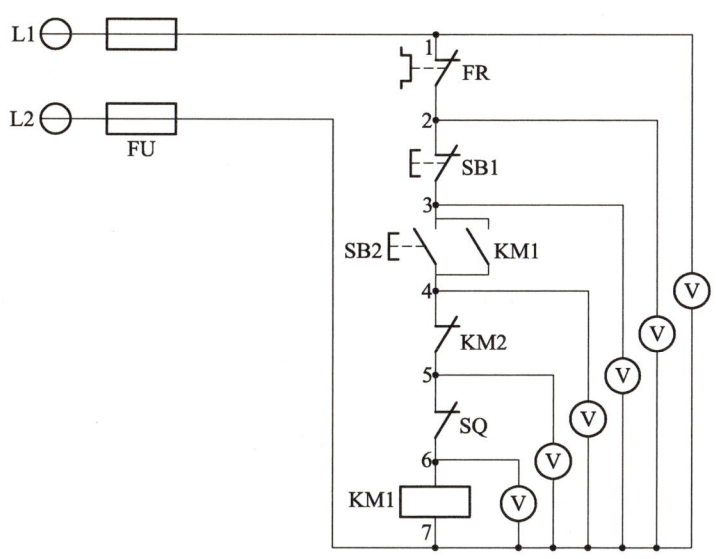

图 3-1-3　电压分阶测量法示意图

（1）断开主电路，接通控制电路的电源。按下启动按钮 SB2，接触器 KM1 不吸合，则说明控制电路有故障。

（2）检查时把万用表调到交流电压 500 V 挡。首先用万用表测量 1、7 两点间的电压，若电压为 380 V，则说明控制电路的电源正常。然后按住起动按钮 SB2，同时将黑色表笔接到点 7 上，红色表笔依次接到 2、3、4、5、6 各点上，分别测量 2-7、3-7、4-7、5-7、6-7 之间的电压，根据测量结果即可找出故障原因。利用电压分阶测量法测得的故障原因见表 3-1-1。

表 3-1-1 基于电压分段测量法的故障原因对照表

故障现象	测试状态	分阶电压/V					故障原因
		2-7	3-7	4-7	5-7	6-7	
按下 SB2 时，KM1 不吸合	按下 SB2 不放	0	0	0	0	0	FR 动断（常闭）触点接触不良
		380	0	0	0	0	SB1 动断（常闭）触点接触不良
		380	38	0	0	0	SB2 动合（常开）触点接触不良
		380	380	380	0	0	KM2 动断（常闭）触点接触不良
		380	380	380	380	0	SQ 动断（常闭）触点接触不良
		380	380	380	380	380	KM1 线圈断路

2. 电压分段测量法

电压分段测量法示意图如图 3-1-4 所示，该方法的测试内容主要包括：

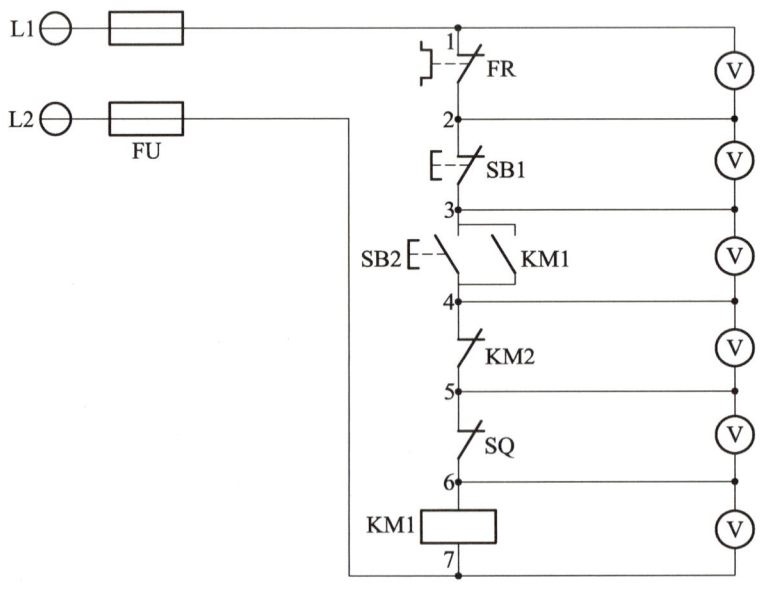

图 3-1-4 电压分段测量法示意图

（1）断开主电路，接通控制电路的电源。若按下起动按钮 SB2，接触器 KM1 不吸合，则说明控制电路有故障。

（2）检查时把万用表调到交流电压 500 V 挡。首先用万用表测量 1、7 两点间的电压，若电压为 380 V，则说明控制电路的电源正常。然后按住起动按钮 SB2 不放，同时将万用表的红、黑表笔逐段测量 1-2、2-3、3-4、4-5、5-6、6-7 间的电压，根据测量结果找出故障原因。基于电压分段测量法的故障原因对照表如表 3-1-2 所示。

表 3-1-2　基于电压分段测量法的故障原因对照表

故障现象	测试状态	分段电压/V						故障原因
		1-2	2-3	3-4	4-5	5-6	6-7	
按下 SB2 时，KM1 不吸合	按下 SB2 不放	380	0	0	0	0	0	FR 动断（常闭）触点接触不良
		0	380	0	0	0	0	SB1 动断（常闭）触点接触不良
		0	0	380	0	0	0	SB2 动合（常开）触点接触不良
		0	0	0	380	0	0	KM2 动断（常闭）触点接触不良
		0	0	0	0	380	0	SQ 动断（常闭）触点接触不良
		0	0	0	0	0	380	KM1 线圈断路

（二）电阻测量法

电阻测量法指利用万用表电阻挡，通过测量机床电气电路上某两点间的电阻值来判断故障点的范围或故障元器件的方法。

1. 电阻分阶测量法

电阻分阶测量法示意图如图 3-1-5 所示，该方法的测试内容主要包括：

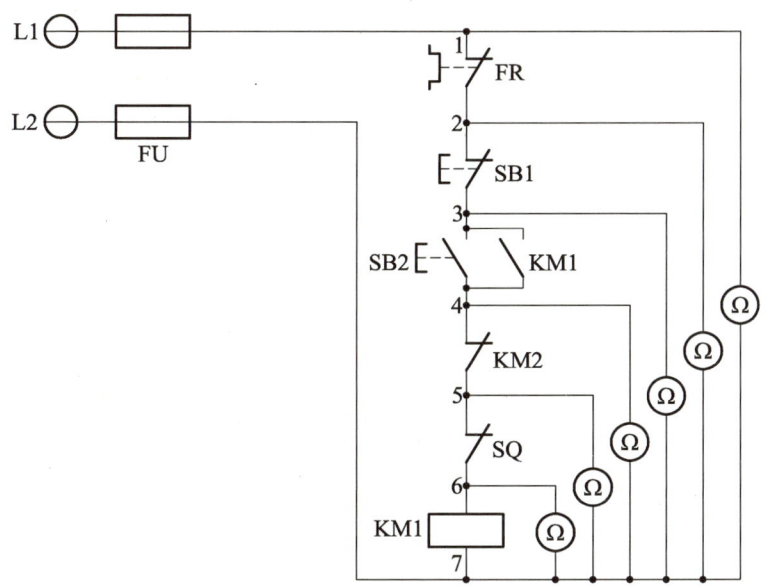

图 3-1-5　电阻分阶测量法示意图

（1）按下起动按钮 SB2，接触器 KM1 不吸合，该电路有断路故障。
（2）用万用表的电阻挡检测前应先断开电源，然后按下 SB2 不放，先测量 1-7 两点间的电阻，如电阻值为∞，说明 1-7 之间的电路有断路。然后分阶测量 1-2、1-3、1-4、1-5、1-6 之间的电阻值。若电路正常，则各两点间的电阻值为 0；当测量到某 2 点之间的电阻值为∞，则说明表笔跨过的触点或连接导线断路。根据测量结果即可找出故障原因。基于电阻分阶测量法测得的故障原因见表 3-1-3。

表 3-1-3 基于电阻分阶测量法的故障原因对照表

故障现象	测试状态	分段电压/V					故障原因
		1-2	1-3	1-4	1-5	1-6	
按下 SB2 时，KM1 不吸合	按下 SB2 不放	∞					FR 动断（常闭）触点接触不良
		0	∞				SB1 动断（常闭）触点接触不良
		0	0	∞			SB2 动合（常开）触点接触不良
		0	0	0	∞		KM2 动断（常闭）触点接触不良
		0	0	0	0	∞	SQ 动断（常闭）触点接触不良

2. 电阻分段测量法

电阻分段测量法示意图如图 3-1-6 所示，采用该方法的测试内容主要包括：

（1）检查时，先切断电源，按下起动按钮 SB2，然后依次逐段测量 1-2、2-3、3-4、4-5、5-6 之间的电阻。

（2）若电路正常，除 6-7 两点间的电阻值为 KM1 线圈电阻外，其余各标号间电阻应为"0"。

（3）如测得某两点间的电阻为∞，则说明这两点间的触点或连接导线断路。

（4）如 2-3 之间的测量电阻值为∞时，说明停止按钮 SB1 或连接 SB1 的导线断路。

（5）根据其测量结果即可找出故障原因，基于电阻分阶测量法的故障原因对照表如表 3-1-4 所示。

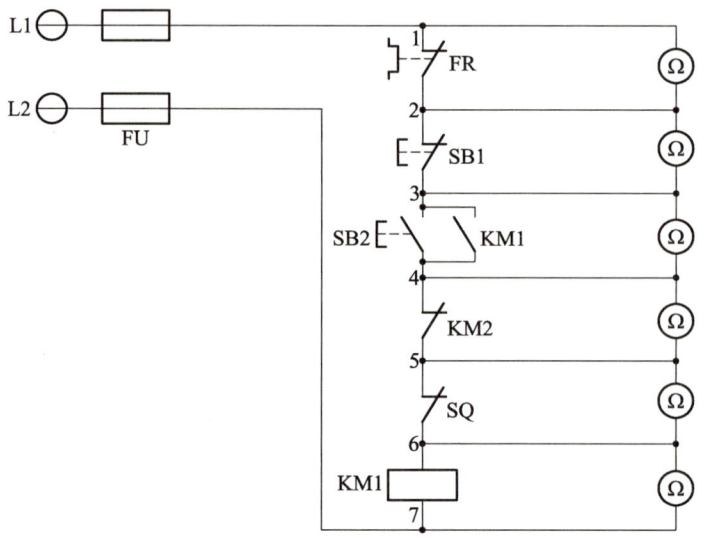

图 3-1-6 电阻分段测量法示意图

表 3-1-4 基于电阻分阶测量法的故障原因对照表

故障现象	测试状态	分段电压/V					故障原因
		1-2	2-3	3-4	4-5	5-6	
按下 SB2 时，KM1 不吸合	按下 SB2 不放	∞					FR 动断（常闭）触点接触不良
		0	∞				SB1 动断（常闭）触点接触不良
		0	0	∞			SB2 动合（常开）触点接触不良
		0	0	0	∞		KM2 动断（常闭）触点接触不良
		0	0	0	0	∞	SQ 动断（常闭）触点接触不良

3. 电阻测量法的注意事项

利用电阻测量法检查故障的注意事项主要包括：

①用电阻测量法检查故障时一定要断开电源。

②如果被测的电路与其他电路并联，必须将该电路与其他电路断开，即断开寄生回路，否则所测得的电阻值是不准确的。

③利用万用表测量高电阻值的电气元器件时，选择适当量程的电阻挡。

任务实施

一、实训准备

实训需要准备的工器具主要包括：

（1）工具。

实训需要准备的工具主要包括螺钉旋具（十字槽、一字槽）、试电笔、剥线钳、尖嘴钳等。

（2）仪表。

实训需要准备的仪表主要包括万用表、绝缘电阻表、钳形电流表。

（3）器材。

实训需要准备的器材主要包括 CA6140 型卧式车床模拟电气控制柜、计算机。

二、故障排查

CA6140 型卧式机床发生故障，根据图 3-1-2 所示的该型号机床的电气控制原理图进行故障检修。

（一）主轴电动机 M1 不能起动故障

检查接触器 KM 是否吸合。如果接触器 KM 吸合，则故障必然发生在电源电路和主电路。根据图 3-1-7 所示的主电路走线路径图，对主轴电动机 M1 不能起动的故障进行检修，检修的具体步骤主要包括：

（1）合上断路器 QS，用万用表测量接触器受电端 U11、V11、W11 之间的电压，如果电压是 380 V，则电路正常。当 U11 与 W11 之间的测量电压为 0 V 时，如果测量 V11 与 W11 之间电压也为 0，则表明 FU 熔断或线路断开；如果 U11 与 W11 之间的测量电压不为 0 V，表明断路器 QS 接触不良或线路断开。

修复措施：查明损坏原因，更换相同规格和型号的熔体、断路器及连接导线。

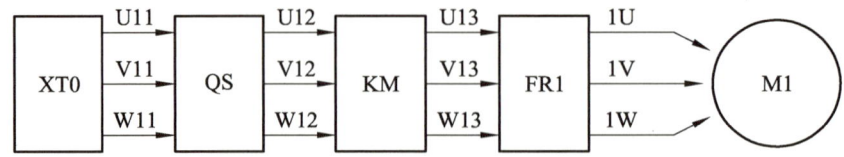

图 3-1-7　M1 主电路走线路径图

（2）断开断路器 QS，用万用表电阻 $R×1\,\Omega$ 挡测量接触器输出端 U12、V12、W12 之间的电阻值，如果测得电阻值较小且相等，则说明所测电路正常；否则，依次检查 FR1、M1 以及它们之间的连线。

修复措施：查明损坏原因，修复或更换同规格、同型号的热继电器 FR1、电动机 M1 及其之间的连接导线。

（3）检查接触器 KM 主触点是否良好。如果接触不良或烧毛，则更换动、静触点或相同规格的接触器。

（4）检查电动机机械部分是否良好。如果电动机内部轴承等损坏，应更换轴承；如果外部机械有问题，则可配合机修钳工进行维修。

（二）接触器 KM 不吸合故障

根据图 3-1-2 所示的 CA6140 型卧式机床电气控制原理图，首先检查 KA2 是否吸合，若吸合则说明 KM 和 KA2 的公共控制电路部分（0-1-2-4-5）正常，故障范围在 KM 的线圈部分支路（5-6-7-0）；若 KA2 也不吸合，就要检查 HL 指示灯和 EL 指示灯是否亮，若 HL、EL 亮则说明故障范围在控制电路，若 HL、EL 都不亮则说明电源部分有故障，但不能排除控制电路存在故障。

利用图 3-1-8 所示的电压分段测量法检测故障点，排除故障的方法见表 3-1-5。

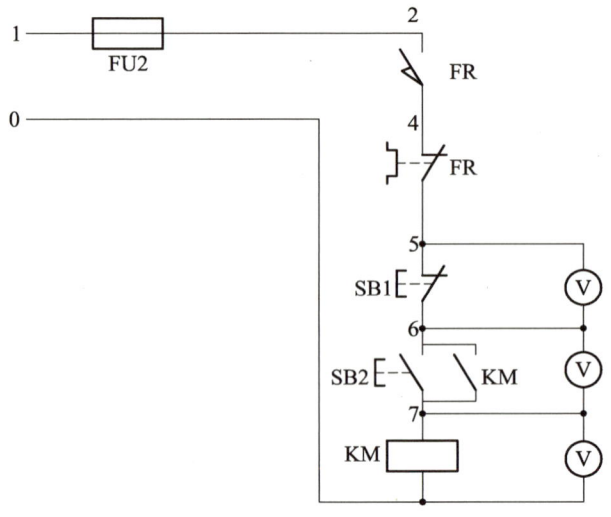

图 3-1-8　用电压分段测量法检测故障点

表 3-1-5　用电压分段测量法检测故障点并排除故障的方法

故障现象	测试状态	两点间电压/V			故障原因	排除故障方法
		5-6	6-7	7-10		
按下 SB2 时，KM 不吸合；按下 SB3 时，KA2 吸合	按 SB 不放	110	0	0	SB1 接线不良或接线脱落	更换按钮 SB1 或将脱落线接好
		0	110	0	SB2 接触不良或接线脱落	更换按钮 SB2 或将脱落线接好
		0	0	110	KM 线圈开路或接线脱落	更换同型号线圈或将脱落线接好

技能评定

技能评定的评分标准见表 3-1-6。

表 3-1-6　评分标准

项目内容	配分	评分标准	扣分
故障分析	30	（1）故障分析、排除故障思路不正确（扣 5~10 分）。 （2）标错最小故障范围（每个扣 5~15 分）	
排除故障	70	（1）断电不验电（扣 5 分）。 （2）工具及仪表使用不当（每次扣 5 分）。 （3）检查故障的方法不正确（扣 20 分）。 （4）排除故障的方法不正确（扣 20 分）。 （5）不能排除故障点（每个扣 30 分）。 （6）扩大故障范围或产生新的故障点（每个扣 40 分）。 （7）损坏电气元件（每只扣 20~40 分）。 （8）排除故障后通电试车不成功（扣 50 分）	
安全文明生产		违反安全文明生产规程（扣 10~70 分）	
定额时间		训练时间为 30 min。训练不允许超时，修复故障允许超时。训练每超时 5 min（不足 5 min 以 5 min 计）扣 5 分	
备注		除定额时间外，各项内容的最高扣分不得超过配分数	成绩
开始时间		结束时间　　　　　　　　　　　　　实际时间	

总结与评价

总结与评价的内容主要包括：
（1）总结本任务的主要知识点和技能，评价学生在任务实施过程中的表现。
（2）讨论实训操作中元器件拆装和检修存在的问题与注意事项。

（3）填写表 3-1-7 所示的工作评价表相关内容。

表 3-1-7　工作评价表

项目	评价内容	考核指标	分值	自评	互评	师评
一、职业能力（70分）							
任务实施过程	明确工作任务	清楚工作任务内容	2			
		制订工作计划详细、可行	2			
		分工明确、合理	2			
	工作准备	工具、材料和仪表准备正确	4			
		具备相关的专业知识	10			
		电气控制系统原理图识读正确	10			
任务实施过程	任务执行过程	执行元件检测，检测方法与结果正确	2			
		工具、设备完好	2			
		安全作业、文明生产	2			
		创新能力和解决问题能力	4			
任务成果质量	故障点查找	故障查找准确，迅速	10			
	排除故障	完成故障排除，设备正常运行	20			
二、个人素养（30分）							
遵守纪律	遵守课堂纪律	迟到扣2分、早退扣2分	5			
	遵守实训车间的规章制度	优秀、基本达标、不合格	5			
学习态度	认真完成学习任务	优秀、基本达标、不合格	5			
	工作精益求精、严谨求实	优秀、基本达标、不合格	5			
团队和创新精神	良好沟通、团队合作	优秀、基本达标、不合格	5			
	积极思考、敢于创新	优秀、基本达标、不合格	5			
总分			100			
教师签名：							

分析与思考

一、如果 CA6140 型车床的主轴电动机 M1 只能点动，那么造成此故障的原因是什么？在此故障下，冷却泵电动机 M2 能否正常工作？

二、CA6140 型车床的主轴电动机在运行过程中自动停车,操作者立即按下起动按钮,但电动机不能起动,请分析故障原因。

任务 3.2　X62W 型万能卧式铣床电气电路的故障检修

任务描述

车间工人利用 X62W 型铣床在材料上加工一个沟槽，当铣床上电后旋转主轴电机的操作按钮，主轴电机未起动，铣削无法正常工作。检查机械系统未发现故障现象，初步判断是电气系统出现故障，那么如何检修此类故障？

任务目标

（1）掌握铣床电气电路的常见故障类型。
（2）掌握铣床电气电路的故障诊断方法。
（3）掌握铣床电气电路的故障修复方法。

任务准备

一、X62W 型万能卧式铣床

铣床是一种用途非常广泛的机床，在金属切削机床中使用的数量仅次于车床。铣床主要用来加工工件各种形式的平面、斜面和沟槽等。铣床装上分度头，还可以铣切直齿轮或螺旋面；装上回转工作台，还可以加工凸轮和弧形槽。

X62W 型万能卧式铣床如图 3-2-1 所示，主要由床身、刀杆、横梁、工作台、回转盘、横溜板和升降台等组成，其工作台上的工件可以在 3 个坐标的 6 个方向上调整位置或进给。X62W 万能铣床除了能在平行于或垂直于主轴轴线的方向进给外，还能在倾斜方向进给，可以加工螺旋槽，故称为万能铣床。

X62W 型万能卧式铣床是使工件随工作台做进给运动，利用主轴带动铣刀的旋转来实现铣削加工的，其运动形式主要包括：

（1）主运动：主轴电动机带动铣刀的旋转运动。
（2）进给运动：工件随圆形工作台所做的直线或旋转运动。
（3）辅助运动：工作台快速移动、主轴进给变速运动。

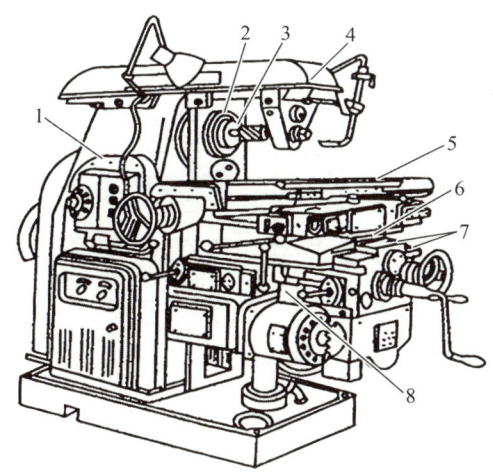

1—床身;2—主轴;3—刀杆;4—悬梁;5—工作台;6—回转盘;7—床鞍;8—升降台。

图 3-2-1　X62W 型万能卧式铣床结构示意图

(一) 万能铣床的电气控制要求

万能铣床的电气控制要求主要包括:

(1) 万能铣床要求有 3 台电动机分别作为驱动机械和冷却之用,这 3 台电动机包括主轴电动机、进给电动机和冷却泵电动机。

(2) 万能铣床加工形式包括顺铣和逆铣,要求主轴电动机能正转和反转以及在变速时能瞬时冲动,以利于齿轮的啮合,要求能制动停车和实现两地控制。

工作台的 3 种运动形式、6 个方向的移动是依靠机械方法来实现的。对于进给电动机,要求具备正转和反转功能以及纵向、横向、垂直 3 种运动形式间的联锁功能,以确保操作的安全性。工作台在做进给变速时,电动机的瞬间冲动和快速进给必须能够两地控制。冷却泵电动机只能正转。

进给电动机与主轴电动机需实现相互联锁控制,保证主轴工作后才能做进给运动。

(二) 万能铣床电气控制线路

X62W 型万能卧式铣床电气控制线路如图 3-2-2 所示,主要由主电路、控制电路和照明电路三部分组成。

1. 主电路分析

主电路共有三台电动机,M1 是主电动机,拖动主轴带动铣刀进行铣削加工;M3 是工作台进给电动机,拖动升降台及工作台进给;M2 是冷却泵电动机,供应冷却液。

2. 控制电路分析

1) 主轴控制电路

控制线路中的起动按钮 SB1、SB2 和停止按钮 SB5、SB6 是异地控制按钮,分别安装在机床的两个不同位置,方便操作。KM1 是主轴电动机 M1 的起动接触器,YC1 则是主轴制动用的电磁离合器,SQ1 是主轴变速冲动的行程开关。

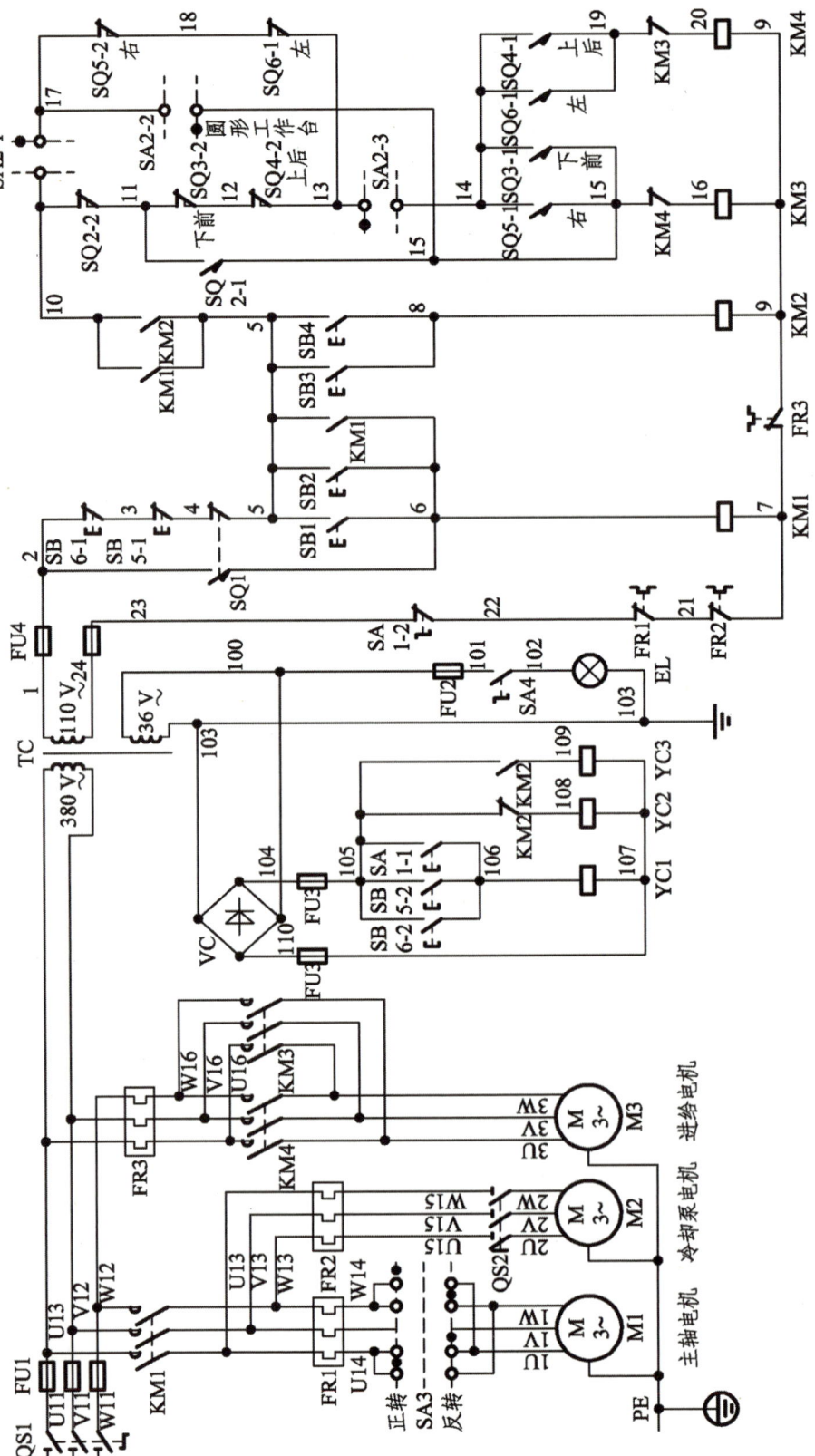

图 3-2-2 X62W 铣床电气控制线路图

（1）起动。

按下起动按钮 SB1 或 SB2，接触器 KM1 吸合，主轴电动机 M1 起动。

（2）制动。

按下停止按钮 SB5 或 SB6 时接触器 KM1 失电，主轴电动机 M1 停止。主轴电动机 M1 的正转、反转通过 SA3 倒顺开关完成。换刀时，为了避免主轴转动，造成更换刀具困难，应将转换开关扳到制动位置，将主轴制动。

（3）变速冲动。

主轴变速时的冲动控制，是利用变速手柄与冲动行程开关 SQ1 通过机械上的联动机构进行控制。

（4）在推回变速手柄时，动作应迅速，以免 SQ1 压合时间过长，主轴电动机 M1 转速太快不利于齿轮啮合甚至打坏齿轮。

2）工作台进给控制电路

转换开关 SA2 是控制圆工作台的，在不需要圆工作台工作时，转换开关 SA2 扳到"断开"位置，此时 SA2-1 闭合，SA2-2 断开，SA2-3 闭合；当需要圆工作台运动时，将转换开关 SA2 扳到"接通"位置，则 SA2-1 断开，SA2-2 闭合，SA2-3 断开。

（1）工作台纵向（左、右）进给运动控制。

工作台纵向（左、右）进给运动是由"工作台操作手柄"来控制。手柄有三个位置：向左、向右、零位（停止）。

将操作手柄扳向右侧，联动机构接通纵向进给机械离合器，同时压下向右进给的行程开关 SQ5，SQ5 的常开触头 SQ5-1 闭合，常闭触头 SQ5-2 断开，由于 SQ6、SQ3、SQ4 不动作，则 KM3 线圈得电，KM3 的主触头闭合，进给电动机 M2 正传，工作台向右运动。

将纵向操作手柄向左扳动，联动机构将纵向进给机械离合器挂上，同时压下向左进给行程开关 SQ6，使其常开触头 SQ6-1 闭合，常闭触头 SQ6-2 断开，接触器 KM4 得电吸合，主触头 KM4 闭合，进给电动机 M2 反转，工作台实现向左运动。

若将手柄扳到中间位置，纵向进给机械离合器脱开，行程开关 SQ5 与 SQ6 复位，电动机 M2 停转，工作台运动停止。

（2）工作台垂直（上、下）和横向（前、后）运动的控制。

操纵工作台上下和前后运动是用同一手柄完成的。该手柄有五个位置，即上、下、前、后和中间位置。当手柄向上或向下时，机械上接通了垂直进给离合器；当手柄向前或向后时，机械上接通了横向进给离合器；手柄在中间位置时，横向和垂直进给离合器均不接通。

在手柄扳到向下或向前位置时，手柄通过机械联动机构使位置开关 SQ3 被压动，接触器 KM3 通电吸合，电动机正转；在手柄扳到向上或向后位置时，位置开关 SQ4 被压动，接触器 KM4 通电吸合，电动机反转。此五个位置是联锁的，各个方向的进给不能同时接通，所以不可能出现传动紊乱的现象。

（3）进给变速冲动控制。

进给变速时，为了齿轮进入良好的啮合状态，需要做变速后的瞬时点动。在进给变速时，只需将变速盘往外拉，使进给齿轮松开，待转动变速盘选择好速度以后，将变速盘向里推。

（4）工作台的快速移动。

为了提高生产率，减少生产辅助时间，X62W 型万能卧式铣床在加工过程中不做铣削加工时，要求工作台快速移动。当进入铣切区时，要求工作台以原进给速度移动。

3）圆形工作台的控制

为了提高机床的加工能力，在机床上安装圆形工作台这个附件，可以进行圆弧或轮的铣削加工。在拖动时，所有进给系统均停止工作，只允许圆工作台绕轴心回转。

4）SQ2是进给变速冲动行程开关，YC1、YC2、YC3分别是主轴电磁离合器线圈、工作台常速进给和工作台快速进给电磁离合器线圈。

二、常用机床电气电路的故障检修方法

（一）机床电气原理图分析

掌握分析机床电气原理图的方法和技巧，有助于分析电气电路、排除机床电路故障。机床电气原理图一般由主电路、控制电路、照明电路、指示电路等组成。

1. 主电路的分析

分析主电路时，首先了解主电路由哪些电气设备构成，所起的主要作用，由哪些电气设备或电气系统来控制，采取哪些保护措施。

2. 控制电路的分析

分析控制电路时，首先根据主电路中接触器的主触点编号，找到接触器相应的线圈及其控制电路，依次分析电路的控制功能。分析过程中，从简单到复杂，从局部到整体，最后综合起来分析，就可以全面读懂控制电路。

3. 照明电路的分析

分析照明电路时，查看变压器的电压比及照明灯的额定电压。

4. 指示电路的分析

分析指示电路时，了解指示电路的内容：当机床处于正常工作状态时，该电路给出机床正常工作状态的指示；当机床出现故障时，该电路给出机床故障的信息反馈指示。

（二）机床电气电路故障的检查步骤

1. 检修前的调查分析

检修前的调查分析内容主要包括：

（1）问。

询问机床操作人员故障发生前后的情况，有助于根据电气设备的工作原理来定位故障，分析出故障的原因。

（2）看。

①观察熔断器内的熔体是否熔断。

②其他电气元器件是否有烧毁、发热、断线情况。

③导线连接螺钉是否松动；触点是否氧化、积尘。

④特别注意高电压、大电流部位，运动较为频繁的部位，容易受潮的接插件。

（3）听。

电动机、变压器、接触器等在正常运行时的噪声与发生故障时的噪声是有区别的，分辨噪声有助于故障的定位。

（4）摸。

电动机、电磁线圈、变压器等发生故障时温度会显著上升，切断电源后用手去触摸有助于判断该元器件是否正常。

在机床电气电路故障检修过程中，不论机床电气电路是否通电，都不能用手直接去触摸金属触点，必须借助仪表来测量。

2. 利用机床电气原理图进行分析

必须熟悉机床的电气电路，再结合故障现象来分析电路工作原理图，从而迅速判断故障发生的范围。

3. 检查方法

1）有电气原理图的检查方法

（1）根据故障现象，分析故障属于主电路故障还是控制电路故障，属于电动机故障还是控制设备故障。确认故障类型后，进一步检查电动机或控制设备，必要时可采用替代法，即利用好的电动机或控制设备来替代故障设备。对于控制电路故障，先进行一般的外观检查，检查控制电路的相关电气元器件，如接触器、继电器、熔断器等有无裂痕、烧痕、接线脱落、熔体熔断等现象，同时利用万用表检查线圈有无断线、烧毁，触点是否熔焊。

（2）外观检查无法定位故障时，卸下电动机，再逐步检查电路，如进行通电吸合试验观察机床电气元器件是否按要求顺序动作。通电吸合试验过程中，若发现某部分动作有问题，主要查找该部分是否存在故障。采用这种方法可以逐步缩小故障范围，直到排除全部故障。

（3）有些电气元器件的动作是由机械配合或靠液压推动的，应会同机修人员进行检查处理。

2）无电气原理图时的检查方法

（1）首先查清不动作的电动机的工作电路。在不通电的情况下，从该电动机的接线盒开始查找，沿电源线找到相应的控制接触器。

（2）然后以此控制接触器为中心，从主触点开始继续查到三相电源，查清主电路；另外以此控制接触器线圈的两个接线端子开始向外延伸，查清控制电路。必要时一边查找一边绘制草图。

（3）若需要拆卸相关电气设备，必须记录拆卸顺序、电气结构等，再采取排除故障的措施。

4. 注意事项

在检修机床电气电路故障时应注意的事项主要包括：

（1）检修前应将机床清理干净。

（2）切断机床电源。

（3）电动机不转动，首先判断电动机有无通电、控制电动机的接触器是否吸合，从而决定是否拆修电动机。通电检查时，一定要先排除短路故障，在确认无短路故障后方可通电，否则会造成更大的事故。

（4）需要更换熔断器的熔体时，新熔体必须与原熔体型号相同，不得随意扩大熔体容量，以免造成意外的事故。熔体被熔断，说明电路存在较大的冲击电流，如短路、严重过载、电压波动很大等。

（5）热继电器动作或被烧毁，要求查明过载原因，否则故障还是会重现。修复热继电器后一定要按照技术要求重新整定其保护值，并进行可靠性试验。

（6）利用万用表电阻挡测量触点、导线的通断时，万用表量程置于 $R \times 1$ 挡。

（7）利用绝缘电阻表检测电路的绝缘电阻时，必须断开被测支路与其他支路的联系，以免影响测量结果。

（8）在拆卸元器件及端子连线时，一定要仔细观察、理清控制电路，及时做好记录、标号以便复原，避免在安装时发生错误。螺钉、垫片等放在盒子里，被拆下的线头要做好绝缘包扎，以免造成人为的事故。

（9）试车前先检测电路是否存在短路现象。在正常情况下进行试车，应当注意人身及设备安全。

（10）机床故障排除后，恢复到原样。

三、万能铣床电气故障分析

X62W 型万能卧式铣床常见电气故障、故障原因及故障分析如表 3-2-1 所示。

表 3-2-1　X62W 型万能卧式铣床常见电气故障分析

故障现象	故障点	分析方法
电动机不能起动	三相电源、熔断器、热继电器的触头	故障与前面分析过的机床类似，主要检查三相电源、熔断器、热继电器的触头以及有关按钮的接触情况
工作台不能进给	工作台各个方向都不能进给	（1）首先检查工作台开关是否处于"断开"位置。 （2）然后利用万能表检查控制回路电压是否正常，可扳动操作手柄至任一运动方向，观察其相关接触器是否吸合，若该接触器吸合则说明控制回路正常。 （3）检查电动机主回路。主回路常见故障包括接触器主触头接触不良、电动机接线脱落或绕组断路等
工作台不能进给	工作台不能向上运动	（1）此类故障一般是操作手柄不在零位造成的。 （2）若操作手柄位置无误，则是机械磨损导致相应电气元件动作不正常或触头接触不良造成的
工作台不能进给	工作台前后进给正常，但左右不能进给	由于工作台能横向进给运动，说明接触器 KM3 或 KM4 以及电动机 M2 的主回路都正常，故障发生在 SQ2-2、SQ3-3、SQ4-2 或 SQ5-1、SQ6-1 上
工作台不能进给	工作台不能快速进给，主轴制动失灵	此类故障一般是电磁离合器工作不正常造成的。 （1）首先检查整流电路。 （2）其次检查电磁离合器线圈。 （3）最后检查离合器的动片和静片
工作台不能进给	变速时冲动失灵	此类故障一般是行程开关的常开触点在瞬间闭合时接触不良造成的，其次是变速手柄或变速盘推回原位过程中机械装置未碰上行程开关造成的

一、实训准备

实训需要准备的工器具主要包括：
（1）工具。
实训需要准备的工具主要包括螺钉旋具（十字槽、一字槽）、试电笔、剥线钳、尖嘴钳等。
（2）仪表。
实训需要准备的仪表主要包括万用表。
（3）器材。
实训需要准备的器材主要包括 X62W 型万能卧式铣床模拟电气控制柜、计算机。

二、故障排查

根据图 3-2-2 所示的 X62W 型万能卧式铣床电气控制线路图，先进行系统仿真以定位故障点，再进行实际操作以排除故障。

（一）采用通电试验方法进行故障检修

采用通电试验方法发现故障现象，分析故障现象，在电气原理图中用虚线标出最小故障范围。

主轴电动机 M1 不能起动，首先检查各开关是否处于正常工作位置，然后检查三相电源、熔断器、热继电器的常闭触头、两个起停按钮以及接触器 KM1，查看这些电气设备是否有损坏、接线脱落、接触不良、线圈短路等现象。另外，检查主轴变速从动开关 SQ1 是否有开关位置移动甚至撞坏现象或者常闭触头接触不良现象。X62W 型万能卧式铣床的具体检修流程如图 3-2-3 所示。

（二）按照检查步骤和检修方法进行故障检修

按照检查步骤和检修方法独立检修故障，具体要求主要包括：
（1）根据故障现象，首先在图 3-2-2 所示的 X62W 型万能卧式铣床电气控制线路图中用虚线正确标出故障电路的最小范围。然后采用正确的检查排除方法，在规定时间内查出并排除故障。
（2）排除故障过程中，不得采用更换电气元件、借用触头或改动线路的方法修复故障点。
（3）检修时严禁扩大故障范围或产生新的故障，不得损坏电气元件或设备。

（三）检修注意事项

检修注意事项主要包括：
（1）检修前认真阅读图 3-2-2 所示的线路图，熟练掌握各个控制环节的原理及作用，并认真听取和仔细观察教师的示范检修。
（2）由于图 3-2-2 所示机床的电气控制与机械结构之间的配合十分密切，在机床发生故障时首先判断此故障属于机械故障还是电气故障。

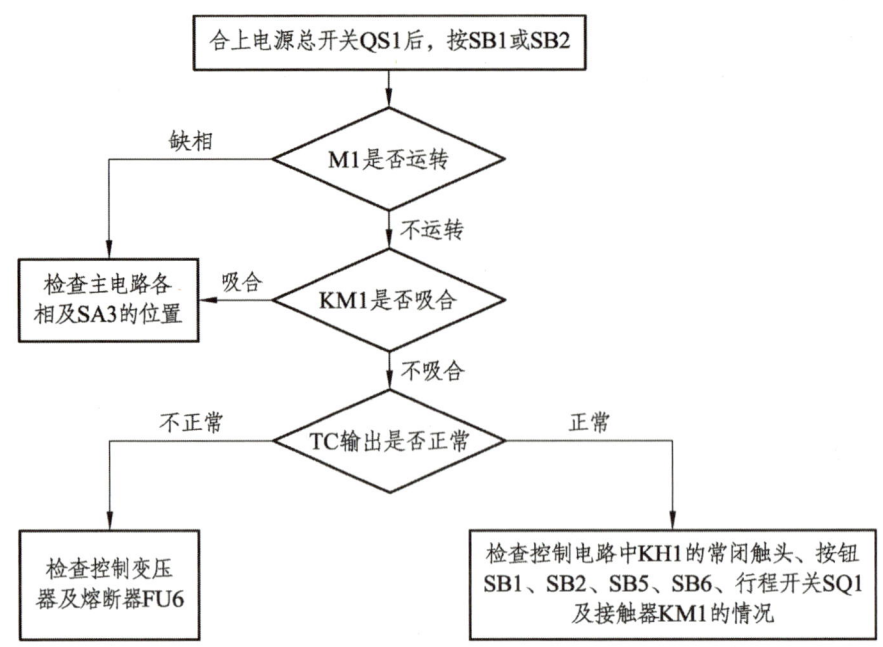

图 3-2-3 主轴电动机不起动的检修流程图

技能评定

技能评定的评分标准见表 3-2-2。

表 3-2-2 评分标准

项目内容	配分	评分标准	扣 分
故障分析	30	（1）故障分析、排除故障思路不正确（扣 5～10 分）。 （2）标错最小故障范围（每个扣 5～15 分）	
排除故障	70	（1）断电不验电（扣 5 分）。 （2）工具及仪表使用不当（每次扣 5 分）。 （3）检查故障的方法不正确（扣 20 分）。 （4）排除故障的方法不正确（扣 20 分）。 （5）不能排除故障点（每个扣 30 分）。 （6）扩大故障范围或产生新的故障点（每个扣 40 分）。 （7）损坏电气元件（每只扣 20～40 分）。 （8）排除故障后通电试车不成功（扣 50 分）	
安全文明生产		违反安全文明生产规程（扣 10～70 分）	
定额时间		训练时间为 30 min。训练不允许超时，修复故障允许超时。训练每超时 5 min（不足 5 min 以 5 min 计）扣 5 分	
备注		除定额时间外，各项内容的最高扣分不得超过配分数	成绩
开始时间		结束时间　　　　　　　　　　　　　　　实际时间	

总结与评价

总结与评价的内容主要包括：
（1）总结本任务的主要知识点和技能，评价学生在任务实施过程中的表现。
（2）讨论实训操作中元器件拆装和检修存在的问题与注意事项。
（3）填写表 3-2-2 所示的工作评价表相关内容。

表 3-2-2　工作评价表

项目	评价内容	考核指标	分值	自评	互评	师评
一、职业能力（70分）						
任务实施过程	明确工作任务	清楚工作任务内容	2			
		制订工作计划详细、可行	2			
		分工明确、合理	2			
	工作准备	工具、材料和仪表准备正确	4			
		具备相关的专业知识	10			
		电气控制系统原理图识读正确	10			
	任务执行过程	执行元件检测，检测方法与结果正确	2			
		工具、设备完好	2			
		安全作业、文明生产	2			
		创新能力和解决问题能力	4			
任务成果质量	故障点查找	故障查找准确、迅速	10			
	排除故障	完成故障排除，设备正常运行	20			
二、个人素养（30分）						
遵守纪律	遵守课堂纪律	迟到扣2分、早退扣2分	5			
	遵守实训车间的规章制度	优秀、基本达标、不合格	5			
学习态度	认真完成学习任务	优秀、基本达标、不合格	5			
	工作精益求精、严谨求实	优秀、基本达标、不合格	5			
团队和创新精神	良好沟通、团队合作	优秀、基本达标、不合格	5			
	积极思考、敢于创新	优秀、基本达标、不合格	5			
总分			100			
					教师签名：	

分析与思考

一、X62W 型万能卧式铣床的工作台能左右进给但不能前后、上下进给，根据图 3-2-2 所示线路图并参照表 3-2-1 所示 X62W 型万能卧式铣床常见电气故障分析，排除该机床的故障。

二、如何利用万用表测量万能转换开关 SA1、SA2、SA3 各触点的通断情况并进行实际操作？

任务 3.3　Z3050 摇臂钻床电气电路的故障检修

任务描述

利用 Z3050 摇臂钻床对工件进行钻孔。钻床上电后起动主轴电机进行钻削和进给，主轴电机不工作。检查机械系统等未发现故障，初步判断是电气电路出现故障，如何检修此类故障呢？

任务目标

（1）掌握钻床电气电路的常见故障类型。
（2）掌握钻床电气电路的故障诊断方法。
（3）掌握钻床电气电路的故障修复方法。

任务准备

一、Z3050 摇臂钻床

钻床是一种加工孔的机床，可用于对大、中型零件进行钻孔、扩孔、铰孔、攻丝、修挂端面等。钻床的种类很多，主要包括台式钻床、立式钻床、卧式钻床、摇臂钻床、深孔钻床、专用钻床等。摇臂钻床具有操作方便、灵活、适用范围广等特点，适用于多孔大型零件的孔加工，是机械加工中常用的机床设备。

（一）摇臂钻床的主要结构和运动形式

1. 摇臂钻床的结构

Z3050 摇臂钻床如图 3-3-1 所示，主要由底座、内立柱、外立柱、摇臂、主轴箱、工作台组成。

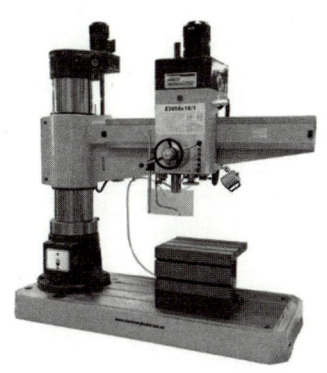

图 3-3-1　Z3050 摇臂钻床外形图

2. 摇臂钻床的运动形式

摇臂钻床内立柱固定在底座上,其外面套着空心的外立柱,外立柱可绕着摇臂钻床内立柱回转一周,摇臂一端的套筒部分与外立柱滑动配合。借助于丝杆,摇臂可沿着外立柱上下移动,但两者不能做相对转动,所以摇臂将与外立柱一起相对内立柱回转。主轴箱是一个复合的部件,具有主轴及主轴旋转部件和主轴进给的全部变速和超纵结构。主轴箱可沿着摇臂上的水平导轨做径向移动。

加工过程时,可利用特殊的夹紧机构将外立柱紧固在内立柱上,摇臂紧固在外立柱上,主轴箱紧固在摇臂导轨上,然后进行部件的钻削加工。

(二) 摇臂钻床的电力拖动特点及控制要求

摇臂钻床的运动部件较多。为了简化传动装置,使用多电动机拖动。主电动机承担主钻削及进给任务,摇臂升降、夹紧放松和冷却泵各用一台电动机拖动。

为了适应多种加工方式的要求,主轴及进给应在较大范围内调速,一般采用机械调速,用手柄操作变速箱调速,对电动机无任何调速要求。从结构上看,主轴变速机构与进给变速机构应该放在一个变速箱内,主轴及进给运动由同一台电动机拖动。

加工螺纹时要求主轴能正反转。摇臂钻床的正反转一般用机械方法实现,电动机只需单方向旋转。

摇臂升降由单独电动机拖动,要求能正反转。

摇臂的夹紧与放松以及立柱的夹紧与放松由一台异步电动机配合液压装置来完成,要求这台电机能正反转。摇臂的回转和主轴箱的径向移动在中小型摇臂钻床上都采用手动。

钻削加工时,为了冷却刀具及工件,由一台冷却泵电动机拖动冷却泵循环冷却液。

(三) 摇臂钻床电气控制线路

1. 主电路

Z3050 摇臂钻床电气控制线路如图 3-3-2 所示,共有 4 台电动机,除冷却电动机采用开关直接起动外,其余 3 台异步电动机均采用接触器直接起动。钻床的 4 台电动机控制主要包括:

(1) 主电机 M1,由接触器 KM1 控制,热继电器 FR1 是过载保护电器。

(2) 摇臂升降电动机 M2,由接触器 KM2 和 KM3 控制其正反转。由于该电机工作时间短,故不设过载保护。

(3) 液压泵电动机 M3,由接触器 KM4 和 KM5 控制其正反向转动,热继电器 FR2 是液压泵电动机的过载保护电器。电动机 M3 的主要作用是供给夹紧装置压力油,实现摇臂和立柱的夹紧和松开。

(4) 冷却泵电动机 M4,直接由开关 QS2 控制。

2. 控制电路

1) 主轴电动机 M1 的控制

(1) 按起动按钮 SB2,KM1 吸合自锁,M1 起动运行。

(2) 按 SB1,KM1 释放,M1 停止转动。

2) 摇臂升降控制

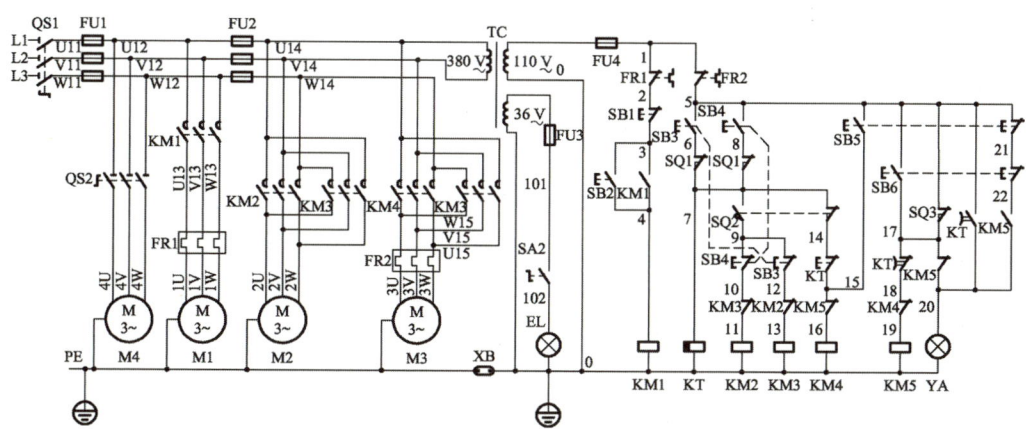

图 3-3-2　Z3050　摇臂钻床电气控制线路图

（1）摇臂上升。

按上升按钮 SB3，时间继电器 KT 通电吸合，其瞬时闭合的动合触头闭合，接触器 KM4 线圈通电，液压油泵电动机 M3 起动正向旋转，供给压力油。压力油经分配阀体进入摇臂的"松开油腔"推动活塞移动，活塞推动菱形块，将摇臂松开。同时，活塞杆通过弹簧片位置开关 SQ2，使其动断触点断开，动合触点闭合。SQ2 的动断触点断开接触器 KM4 的线圈电路，KM4 主触头断开，液压油泵电机停止工作。SQ2 的动合触点使交流接触器 KM2 的线圈通电，主触头接通 M2 的电源，摇臂升降电动机起动正向旋转，带动摇臂上升。如果此时摇臂尚未松开，则位置开关 SQ2 常开触头不闭合，接触器 KM2 就不能吸合，摇臂就不能上升。

当摇臂上升到所需位置时，松开按钮 SB3 则接触器 KM2 和时间继电器 KT1 同时断电释放，M2 停止工作，随之摇臂停止上升。

由于时间继电器 KT 断电释放，经 1~3 s 时间延时后，其常闭触点闭合，使接触器 KM5 吸合，液压泵电机 M3 反方向旋转，随之泵内水压力油经分配阀进入摇臂的"夹紧油腔"，摇臂夹紧。在摇臂夹紧的同时，活塞杆通过弹簧片使位置开关 SQ3 的动断触点断开，KM5 断电释放，最终停止 M3 动作，完成摇臂的松开→上升→夹紧的整套动作。

（2）摇臂下降。

按下下降按钮 SB4，则时间继电器 KT 通电吸合，其常开触头闭合，接通 KM4 线圈电源，液压油泵电机 M3 起动反向旋转，供给压力油。与前面叙述的过程相似，先松开摇臂，接着压动位置开关 SQ2，SQ2 常闭触头断开，使 KM4 断电释放，液压油泵电机停止工作；SQ2 常开触头闭合，使 KM3 线圈通电，摇臂升降电机 M2 反方向运行，带动摇臂下降。

当摇臂下降到所需位置时，松开按钮 SB4，则接触 KM3 和时间继电器 KT 同时断电释放，M2 停止工作，摇臂停止下降。

由于时间继电器 KT 断电释放，经 1~3 s 时间延后，其延时闭合的常闭触头闭合，KM5 线圈获电，液压泵电机 M3 反方向旋转，随之摇臂夹紧。在摇臂夹紧的同时，位置开关 SQ3 断开，KM5 断电释放，M3 停止工作。至此，完成了摇臂的松开→下降→夹紧的整套动作。

组合开关 SQ1 用来限制摇臂的升降超程。当摇臂上升到极限位置时，SQ1 动作，接触器 KM2 断电释放，M2 停止运行，摇臂停止上升；当摇臂下降到极限位置时，SQ1 动作，接触器 KM3 断电释放，M2 停止运行，摇臂停止下降。

摇臂的自动夹紧由位置开关 SQ3 控制。如果液压夹紧系统出现故障，不能自动夹紧摇臂，或者由于 SQ3 调整不当，在摇臂夹紧后不能使 SQ3 的常闭触头断开，都会使液压泵电机长期过载运行而损坏。为此，电路中设有热继电器 FR2，其整定值应根据液压电动机 M3 的额定电流进行调整。

摇臂升降电动机的正反转控制继电器不允许同时得电动作，以防止电源短路。为了避免因操作失误等原因造成短路故障，在摇臂上升和下降的控制线路中采用了接触器的辅助触头互锁和复合按钮互锁两种方法，确保电路安全工作。

3）立柱和主轴箱的夹紧与松开控制

立柱和主轴箱的松开（或夹紧）既可以同时进行，也可以单独进行，由复合按钮 SB5（或 SB6）进行控制。复合按钮 SB5 是松开控制按钮，SB6 是夹紧控制按钮。

二、摇臂钻床常见电气故障分析

摇臂钻床电气控制的特殊环节是摇臂升降。Z3050 系列摇臂钻床的工作过程是由电气与机械、液压系统紧密结合实现的。

表 3-3-1　Z3050 型摇臂钻床常见电气故障分析

故障现象	故障点	分析方法
摇臂不能升降	SQ2	由摇臂升降过程可知，升降电动机 M2 旋转，带动摇臂升降。摇臂完全松开后活塞杆应该压住位置开关 SQ2，SQ2 应该动作。造成此类故障现象的原因主要包括： （1）SQ2 安装位置发生了偏移，即使摇臂完全放松但活塞杆压仍然不能压住位置开关 SQ2，摇臂无法升降。 （2）液压系统发生故障，摇臂放松不够也无法压住 SQ2，摇臂无法移动。由此可见，SQ2 的安装位置非常重要，应配合机械、液压调整好后再紧固。 （3）电动机 M3 电源相序接反，按上升按钮 SB4（或下降按钮 SB5），M3 反转，使摇臂夹紧，SQ2 应不动作，摇臂也就不能升降。所以，在机床大修或新安装后，要检查电源相序。
摇臂升降后，摇臂夹不紧	SQ3	由摇臂升降后夹紧的动作过程可知，夹紧动作的结束是由位置开关 SQ3 来完成的，如果 SQ3 动作过早，使 M3 尚未充分夹紧时就停转。造成此类故障现象的原因主要包括： （1）SQ3 安装位置不合适。 （2）固定螺丝松动造成 SQ3 移位，使 SQ3 在摇臂夹紧动作未完成时就被压上，切断了 KM5 回路，M3 停转。 （3）KM5 线圈回路出现故障

三、主轴电动机 M1 不能起动故障检测

（一）故障现象

此类故障主要表现为 KM1 线圈不吸合，主轴电动机 M1 不起动。

（二）故障分析

首先利用万用表电压挡测量变压器 TC 是否有 380 V 输入电压。若 TC 没有 380 V 输入电

压，则故障范围主要包括：

（1）L2→QS→V11→FU1→V12→FU2→V21→TC。

（2）L3→QS→W11→FU1→W12→FU2→W21→TC 。

若变压器 TC 有 380 V 输入电压，则测量 TC 是否有 110 V 和 36 V 输出电压。若 TC 没有 110 V 和 36 V 输出电压，则变压器存在故障；若 TC 有 110 V 和 36 V 电压输出，则故障范围主要包括：1→SB1→2→SB2→3→KM1 线圈/KM1（2-3）→FR1→0。

（三）故障诊断

假设故障是 KM1 线圈上端的点 4 断开，分别利用电阻测量法和电压测量法测量图 3-3-2 所示电路。

1. 电阻测量法

断开 TC 上的点 0，按下 SB2 或 KM1 动合（常开）触点，将万用表的一根表笔固定在 FR1 的点 1，另外一根表笔依次测量 2、3、4、0 各点。正常情况下，点 2、3 的电阻值应近似为 0 V；点 4、0 的电阻值应近似为 KM1 线圈的电阻值。按照假设，测得点 3 的电阻值应近似为 0 V，测得 FR1 动断（常闭）触点 4 时电阻值应近似为 ∞。

2. 电压测量法

按下 SB2 或 KM1 动合（常开）触点，将万用表的一根表笔固定在 TC 的点 0，另外一根表笔依次测量点 2、3、4、0。正常情况下，点 2、3 的电压值都近似为 110 V；点 4、0 的电压值应近似为 0 V 。按照假设，实际测量 KM1 线圈动合触点上端点 3 的电压值应近似为 110 V，测量 KM1 线圈上端点 4 的电压值应近似为 110 V，测到 FR1 动断（常闭）触点 4 点时电压值应近似为 0 V。

故障点：KM1 线圈到 FR1 动断（常闭）触点的 4 点。

任务实施

一、实训准备

实训需要准备的工器具主要包括：

（1）工具。

实训需要准备的工具主要包括螺钉旋具（十字槽、一字槽）、试电笔、剥线钳、尖嘴钳等。

（2）仪表。

实训需要准备的仪表具主要包括万用表。

（3）器材。

实训需要准备的器材主要包括 Z3050 型摇臂钻床模拟电气控制柜、计算机。

二、故障排查

在 Z3050 型摇臂钻床电气电路中设置 1~2 个故障，学生观察故障现象、分析故障原因并定位故障范围，利用电阻测量法或电压测量法进行故障检查与排除。

在检查与排除故障之前，针对故障现象分析故障范围，编写检修流程，按照检修步骤排除故障。严格按照检修流程，利用万用表检测并排除以下各类故障：

（1）按下 SB2，主轴不能起动。
（2）按下 SB3，摇臂不能上升。
（3）按下 SB5，液压泵不工作。

按照检修流程，在检查和排除故障过程应该遵守的检修步骤及工艺要求主要包括：

（1）在教师指导下对钻床进行操作，熟悉钻床各元器件的位置、电路功能模块。
（2）观察、理解教师示范的检修流程。
（3）在 Z3050 型摇臂钻床上人为设置自然故障。设置故障时应注意的事项主要包括：
①人为设置的故障必须是钻床在工作过程中由于受外界因素影响而造成的自然故障。
②不能设置更改电路或更换元器件等非自然故障。
③设置故障不能损坏电路元器件，不能破坏电路美观。
④不能设置易造成人身事故的故障。
⑤尽量不设置易引起设备事故的故障。

技能评定

Z3050 型摇臂钻床故障检查和排除的评分标准如表 3-3-2 所示。

表 3-3-2 评分标准

项目内容	配分	评分标准	扣分
故障分析	30 分	（1）故障分析、排除故障思路不正确（扣 5~10 分）。 （2）标错最小故障范围（每个扣 5~15 分）	
排除故障	70 分	（1）断电不验电（扣 5 分）。 （2）工具及仪表使用不当（每次扣 5 分）。 （3）检查故障的方法不正确（扣 20 分）。 （4）排除故障的方法不正确（扣 20 分）。 （5）不能排除故障点（每个扣 30 分）。 （6）扩大故障范围或产生新的故障点（每个扣 40 分）。 （7）损坏电气元件（每只扣 20~40 分）。 （8）排除故障后通电试车不成功（扣 50 分）	
安全文明生产		违反安全文明生产规程（扣 10~70 分）	
定额时间		训练时间为 30 min。训练不允许超时，修复故障允许超时。训练每超时 5 min（不足 5 min 以 5 min 计）扣 5 分	
备注		除定额时间外，各项内容的最高扣分不得超过配分数	成绩
开始时间		结束时间 实际时间	

总结与评价

总结与评价的内容主要包括：
(1) 总结本任务的主要知识点和技能，评价学生在任务实施过程中的表现。
(2) 讨论实训操作中元器件拆装和检修存在的问题与注意事项。
(3) 填写表 3-3-3 所示的工作评价表相关内容。

表 3-3-3　工作评价表

项目	评价内容	考核指标	分值	自评	互评	师评
一、职业能力（70分）						
任务实施过程	明确工作任务	清楚工作任务内容	2			
		制订工作计划详细、可行	2			
		分工明确、合理	2			
	工作准备	工具、材料和仪表准备正确	4			
		具备相关的专业知识	10			
		电气控制系统原理图识读正确	10			
	任务执行过程	执行元件检测，检测方法与结果正确	2			
		工具、设备完好	2			
		安全作业、文明生产	2			
		创新能力和解决问题能力	4			
任务成果质量	故障点查找	故障查找准确，迅速	10			
	排除故障	完成故障排除，设备正常运行	20			
二、个人素养（30分）						
遵守纪律	遵守课堂纪律	迟到扣2分、早退扣2分	5			
	遵守实训车间的规章制度	优秀、基本达标、不合格	5			
学习态度	认真完成学习任务	优秀、基本达标、不合格	5			
	工作精益求精、严谨求实	优秀、基本达标、不合格	5			
团队和创新精神	良好沟通、团队合作	优秀、基本达标、不合格	5			
	积极思考、敢于创新	优秀、基本达标、不合格	5			
总分			100			
教师签名：						

分析与思考

一、Z3050 型摇臂钻床的各个位置开关的作用是什么？结合电路及钻床工作情况进行说明。

二、修理 Z3050 型摇臂钻床后，若摇臂升降电动机的三相电源相序接反会发生什么事故？

项目四
低压电气控制柜的安装与调试

项目描述

在日常的生产生活中,各种机器的使用给生产生活带来了很大的便利。根据各个设备的控制要求,重点掌握设备的各个电动机之间的工作关系,快速识读图纸,根据电机的工作要求正确选定元器件和导线。按照控制柜制作工艺进行控制柜的装调,并根据任务书完成设备的出厂调试。

项目任务

(1)能分析设备原理图,掌握各电机间的动作关系。
(2)能根据电机功率选择电路基本元件的型号。
(3)能根据布局图和接线图安装电路元器件并进行连线。
(4)能根据任务要求完成控制柜功能的调试。

项目目标

1. 知识目标

(1)会识读典型设备电气控制柜图纸。
(2)掌握常用设备控制电路的工作原理、控制柜布线方法和原则。
(3)调试及故障排除的技巧。

2. 能力目标

(1)掌握电气控制柜的安装布线方法。
(2)培养综合运用电气控制专业知识解决实际工程技术问题的能力。
(3)培养学生从事调试工作的整体观念。
(4)能按照安全操作规程完成控制柜的上电调试。

3. 素质目标

(1)树立安全意识和质量意识。
(2)培养逻辑清晰的工作思路与方法。
(3)养成善于学习和总结的职业素质。

任务 4.1　工作台自动往返控制电路安装与调试

任务描述

工作台自动往返及加工控制，在机械加工中应用广泛。数控机床的工作台自动往返和加工控制，可以实现定位精度高、加工效率高的加工过程。同时，在自动化生产线中，工作台的自动往返和加工控制也可以提高生产效率和产品质量。图 4-1-1 所示为工作台自动往返设备图。

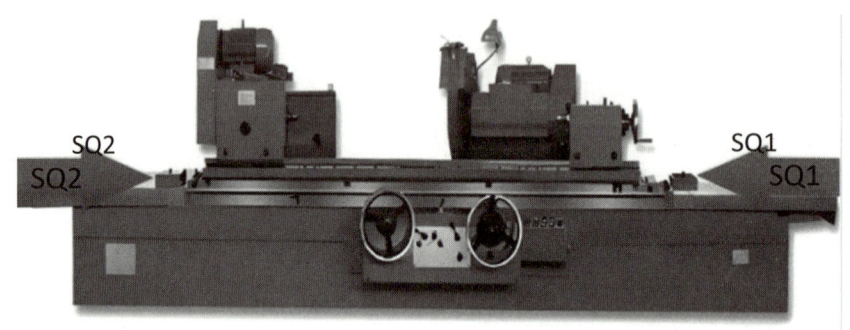

图 4-1-1　工作台自动往返设备图

任务目标

（1）掌握工作台自动往返控制电路的构成、原理等。
（2）掌握工作台自动往返控制电路安装方法。
（3）掌握工作台自动往返控制电路调试方法。

任务准备

一、工作台自动往返控制

（一）工作台的工作要求

工作台的自动往返功能是通过控制电机的正反转实现的。通常，工作台上会安装一个电机，通过传动装置将电机的运动传递给工作台。通过控制电机的正反转，可以实现工作台的自动往返运动。

在工作台自动往返的过程中，需要考虑的因素主要包括：

（1）运动方式。

工作台的运动方式可以是直线运动或者旋转运动，具体根据加工要求确定。

（2）运动速度。

工作台的运动速度需要根据加工要求和工件的材料特性进行调整，以确保加工质量和效率。

（3）行程控制。

工作台的往返行程需要精确控制，以确保加工的准确性和一致性。

（二）工作台自动往返控制电路

工作台自动往返控制电路图如图 4-1-2 所示。

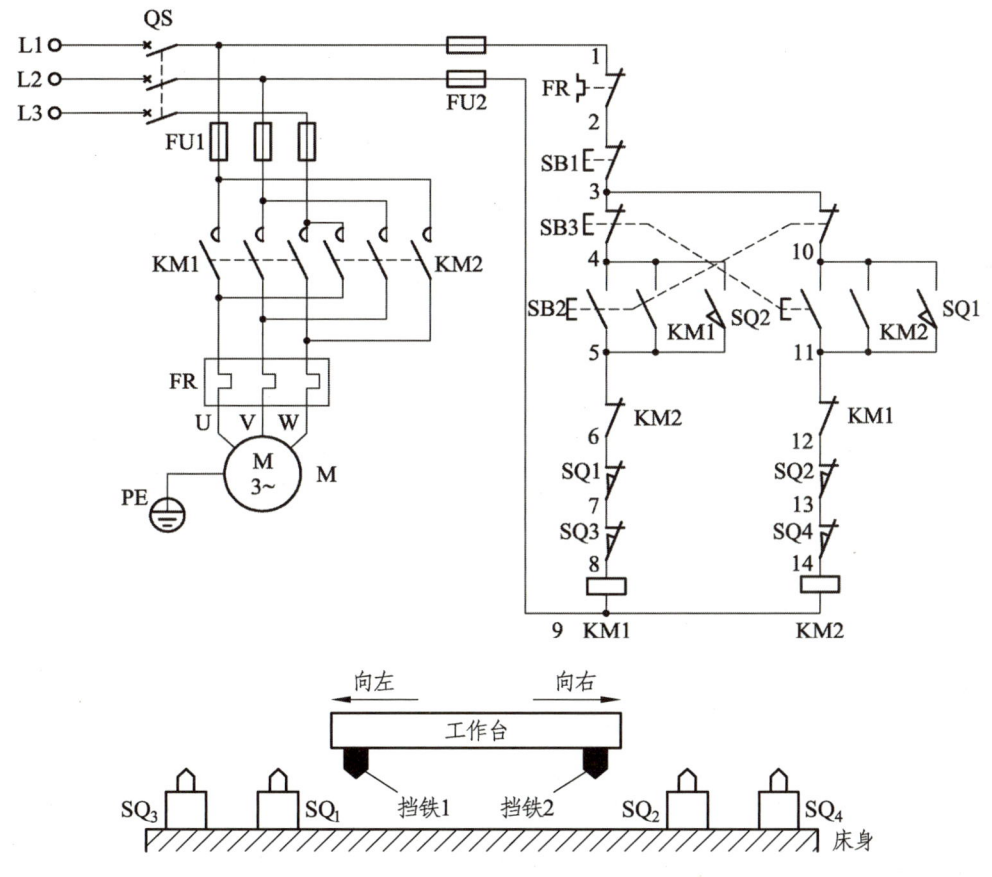

图 4-1-2　工作台自动往返控制电路图

1. 行程开关功能

行程开关 SQ1、SQ2 被用来自动切换电动机 M 的正反转，实现工作台自动往返行程控制。行程开关 SQ3、SQ4 被用来实现终端的自动保护，以防止行程开关 SQ1、SQ2 失灵时工作台越过限定位置而造成事故。

2. 工作原理

先合上断路器 QF。按下起动按钮 SB2，接触器 KM1 线圈得电并自锁，电动机 M 正转，工作台向左移动，到达左移预定位置时挡铁 1 压下行程开关 SQ1，行程开关 SQ1 常闭触点打开，使接触器 KM1 线圈断电，行程开关 SQ1 常开触点闭合，使接触器 KM2 得电，电动机 M 由正转变为反转，工作台向右移动。

工作台到达右移预定位置后挡铁 2 压下行程开关 SQ2，接触器 KM2 线圈断电，接触器 KM1 得电，电动机 M 由反转变为正转，工作台向左移动。如此周而复始地自动往返工作。

当按下停止按钮 SB1 时，电动机 M 停止运转，工作台停止移动。若因行程开关 SQ1、SQ2 失灵，则由极限保护行程开关 SQ3、SQ4 实现保护，避免运动部件因超出极限位置而发生事故。

二、常用低压电器的选择方法

合理选择低压电器是电气系统安全运行、可靠工作的前提和保证。根据各类电器在电气控制系统中所处的不同位置、不同作用，常用低压电器是根据负载的参数如额定电流、额定电压等来选择继电器、接触器、断路器等主回路器件，选择过程中主要考虑的参数包括电流、过载倍数。电动机的选型主要根据负载的实际情况以及额定电压、转速、功率等参数来确定。

（一）电气控制柜元器件总空开大小的选择

选择电气控制柜元器件总空开的依据主要包括：
（1）元器件总空开额定电压不小于线路的额定电压。
（2）元器件总空开额定电流不小于各个支路的计算负载电流。
（3）元器件总空开的极限通断能力不小于线路中最大的短路电流。
（4）线路末端单相对地短路电流不小于 1.25 倍总空开瞬时（或短延时）脱扣整定电流。
（5）脱扣器的额定电流不小于线路的计算电流。
（6）欠电压脱扣器的额定电压等于线路的额定电压。
（7）元器件总空开的分励脱扣器额定电压等于控制电源电压。

（二）熔断器的选择

选择熔断器的依据主要包括：
（1）熔断器的类型应满足电路要求。
（2）熔断器的额定电压不小于电路的额定电压。
（3）熔断器的额定电流不小于所装熔体的额定电流。
选择熔断器的熔体额定电流的依据主要包括：
（1）对于阻性负载的保护，应使熔体的额定电流稍大于电路的工作电流。
（2）为了实现电动机的短路保护，考虑到电动机起动冲击电流的影响，熔体额定电流可表示为

$$I_{NR} = (1.5 \sim 2.5)I_N$$

式中：I_{NR} 为熔体的额定电流（A）；
　　　I_N 为第 N 台电动机的额定电流（A）。
（3）对于 N 台电动机，熔体额定电流可表示为

$$I_{NR} \geqslant (1.5 \sim 2.5)I_{Nmax} + \sum I_N/N$$

式中：I_{NR} 为熔体的额定电流（A）；
　　　I 为电路的工作电流（A）；

I_N 为第 N 台电动机的额定电流（A）；

I_{Nmax} 为第 N 台电动机的最大额定电流（A）；

$\sum I_N$ 为其余电动机的额定电流之和（A）。

对于螺旋式熔断器，将带色标的熔管一端插入瓷帽，再将瓷帽连同熔管一起拧入瓷套，负载端接到金属螺纹壳的上接线端，电源线接到瓷座的下接线端，并保证各处接触良好。

在选择熔断器时，还应当考虑熔体的材料。铅锡锌为低熔点材料，所制成的熔体不易熄弧，一般用在小电流电路；银、铜、铝为高熔点材料，所制成的熔体容易熄弧，一般用在大电流电路。当熔体已熔断或已严重氧化，需要更换熔体时，还应注意使新换熔体和原来熔体的规格保持一致。

（三）接触器的选择

正确选择接触器，就是使所选用接触器的技术数据能满足控制电路的要求。选择接触器的步骤主要包括：

（1）根据接触器的应用范围，确定使用哪一系列的接触器。

（2）根据接触器控制电路的额定电压确定接触器的额定电压。

（3）根据控制电路的额定电流及接触器安装的条件确定接触器的额定电流。如果接触器应用于长期工作制，其负载能力应适当降低。因为在长期工作制条件下，触点的氧化膜得不到清除，接触电阻增大，必须降低电流值以保持触点的允许温升。

（4）一般情况下，交流主电路应采用交流的控制电路。电磁线圈的额定电压要与所接电源的电压相符，需要考虑安全和工作的可靠性。交流电磁线圈的电压等级包括 36 V、110 V、127 V、220 V 和 380 V、440 V 等；直流电磁线圈的电压等级有 24 V、48 V、110 V、220 V。

（四）时间继电器的选择

时间继电器的种类很多，选择时主要考虑控制电路的技术要求，如电源电压等级、电压种类（交流还是直流）以及触点的类型（瞬时触点还是延时触点）、数量、延时时间等。此外，在满足技术要求的前提下尽可能选择结构简单、价格便宜的型号。

工业上经常使用一些质优价廉的数字化时间继电器，该类继电器的核心一般采用单片机或高精度的数字电路，具有精度高、使用灵活、故障率低等优点，是时间继电器发展的主流。

（五）热继电器的选择

工作时间较短、停歇时间较长的电动机，如机床的刀架或工作台快速移动所用的电动机，以及在恒定负载下长期运行的电动机（如风扇、液压泵等），可不必设置热过载保护。

选择热继电器的原则主要包括：

（1）一般情况下，可选用两相结构的热继电器。

（2）对于电网电压严重不平衡、工作环境恶劣或较少有人照管的电动机，可选三相式结构的热继电器。

（3）对于三角形连接的电动机，为了进行断相保护，可选用带断相保护的热继电器。

选择热继电器所依据的参数以及注意事项主要包括：

（1）被保护电动机的额定电流。

被保护电动机的额定电流一般为热继电器额定电流的 0.95~1.05。

（2）根据需要的整定电流值选择热继电器热元件的编号和额定电流。

选择时应使热元件的整定电流等于电动机的额定电流，同时整定电流应留有一定限度的上、下调整范围。

（3）在重载起动以及起动时间较长时，为防止热继电器误动作，可将热元件在起动期间短路。

（4）选择低压电器时，要注意电器之间的区别。

①有的电器在一定条件下可以相互替代。如在通断电流较小的情况下，中间继电器可以代替接触器起动电动机。

②有的电器在电动机负载的情况下不能互相替代，如热继电器和熔断器都是保护电器，都是串接于电路中对非额定电流实施保护，但是短路电流太大，热继电器由于热惯性不能马上动作，不能进行短路电流的保护，所以不能代替熔断器；而过载电流远小于短路电流，不足以使熔断器动作，但一定时间后将破坏电动机的绝缘，所以熔断器不能代替热继电器。

任务实施

根据工作台自动往返控制电路电气原理图，列出元件清单，选择与检测元件，绘制电气元件布置图和电气安装接线图，按照工艺要求完成控制电路连接。

一、实训准备

实训需要准备的工器具主要包括：

（1）工具。

实训需要准备的工具主要包括尖嘴钳、斜嘴钳、剥线钳、螺钉旋具（十字槽、一字槽）等。

（2）仪表。

实训需要准备的仪表主要包括万用表，绝缘电阻表。

（3）器材。

实训需要准备的器材主要包括三相笼型异步电动机三台、交流接触器、热继电器、按钮、电源开关、熔断器、导线等。

二、元器件的选择

（一）电源开关 QS 的选择

电源开关 QS 主要用于引入电源，为主电路和控制电路提供电源，因此选择 QS 时主要考虑电动机的额定电流和起动电流。实训室所用电机的额定功率为 180 W，通过计算可得额定电流之和为 0.65 A，所以，QS 最终选择 DZ47-10/3 型空气开关，该型号空气开关的额定电流为 10 A。

（二）热继电器 FR 的选择

根据电动机的额定电流以及本任务"任务准备"所介绍的"（五）热继电器的选择"相关知识，图 4-1-2 所示电路中的热继电器 FR 可选择 JR36-204.7/1A 型热继电器，热元件额定电流 1 A，电流调整在 0.4~0.63 A。

（三）接触器的选择

根据负载回路的电压、电流以及接触器所控制回路的电压和所需触点的数量等选择接触器。

图 4-1-2 所示电路中，KM1、KM2 控制电动机 M 的正反转，电动机 M 的额定电流为 0.65 A，控制回路电源为 220 V，需 3 对主触点、2 对辅助动合触点、1 对辅助动断触点。因此，KM1、KM2 选择 CJX2-0910 型接触器，其主触点额定电流为 9 A，线圈电压为 220 V。

（五）熔断器的选择

根据熔断器的额定电压、额定电流和熔体的额定电流等参数选择熔断器。

图 4-1-2 所示电路共有 2 个熔断器，即 FU1、FU2。FU1 主要用于主电路的短路保护，FU2 主要用于控制电路的短路保护，电动机 M 的额定电流为 2.7 A，因此熔体的额定电流可表示为

$$I_{FU1} \geqslant (1.5 \sim 2.5)I_{Nmax} + \sum I_N$$

计算可得 $I_{FU1} \geqslant 7.18$ A，因此，FU1 选择 RL1-15 型熔断器，熔体为 1 A。

（六）按钮的选择

根据所需要的触点数量、动作要求、使用场合、颜色等因素选择按钮。根据图 4-1-2 所示电路，SB1、SB2 可选择 LA18 型按钮，颜色分别为红色、绿色。

综上所述，填写表 4-1-1 所示传送带送料机构控制柜的电气元器件明细表。

表 4-1-1　传送带送料机构控制柜的电气元器件明细表

序号	符号	元件名称	型号	规格	件数	作用
1	M	电动机				
2	QS	空气开关				
3	KM	交流接触器				
4	FR	热继电器				
5	FU	熔断器				
6	SB	控制按钮				

三、电气控制柜的安装配线

工作台自动往返控制电路的电气控制柜的安装配线流程主要包括：

（1）绘制安装接线图。

根据图 4-1-2 所示的工作台自动往返控制电路图，绘制如图 4-1-3 所示的工作台自动往返控制电路电气安装接线图。

（2）制作安装底板。

根据图 4-1-3 制作如图 4-1-4 所示的安装底板有柜内电器板（配电盘）。

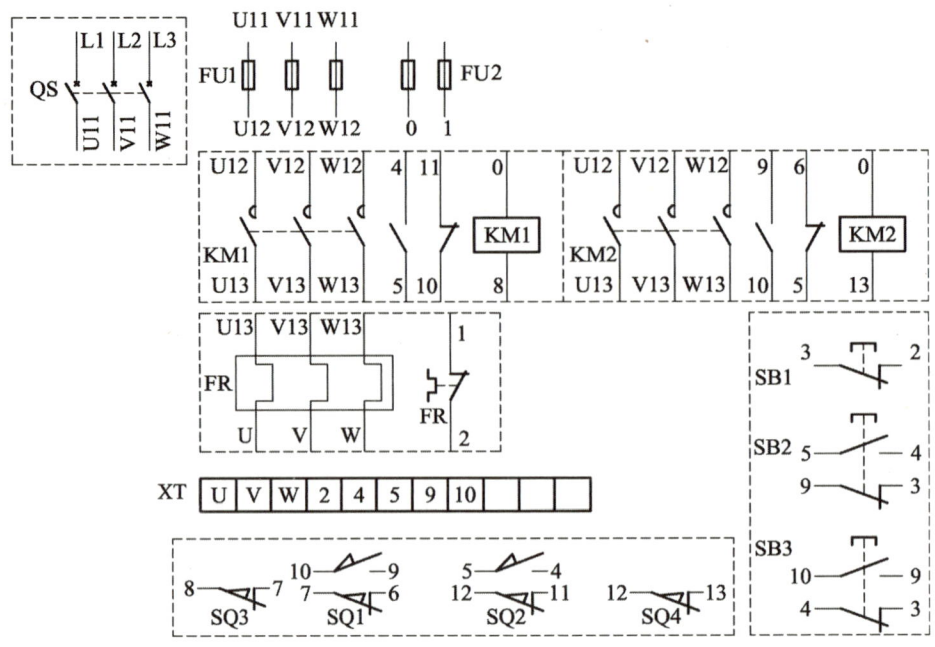

图 4-1-3　工作台自动往返控制电路电气安装接线图

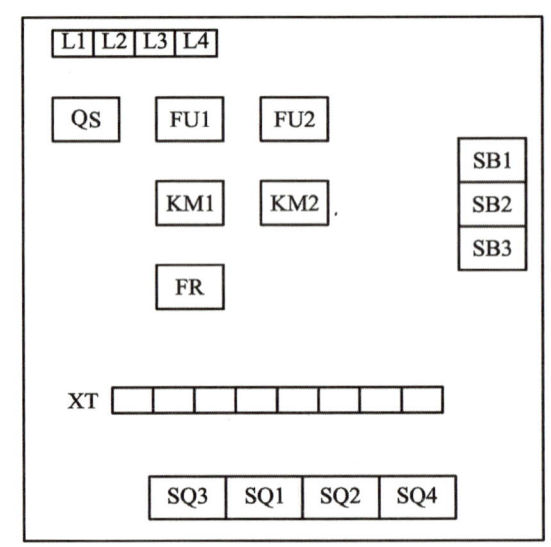

图 4-1-4　工作台自动往返控制电路电气元件布置图

（3）选配导线。

主电路导线选用 0.75 mm² 的导线，控制电路导线选用 0.5 mm² 导线。

（4）安装线槽布局控制面板。

根据安装的操作规程，按照图 4-1-4 所示的元件布置图及线槽的安装要求制作线槽并固定在网孔板上。

（5）安装元器件。

根据安装尺寸，固定元器件。

（6）元器件编号。

根据图 4-1-2 所示的控制电路对各元器件和连接导线进行编号，给出编号标志。

（7）接线。

根据接线的要求，先接控制柜内的主电路、控制电路，再接柜外的其他电路和设备，需外接的导线接到接线端子板上，引入对应的按钮盒进行连接。

四、工作台自动往返控制电路调试

（一）电气控制电路不通电检测方法

1. 电路接线外观检查

按照电气原理图或安装接线图，从电源端开始逐段核对接线及接线端子处是否连接正确、有无漏接和错接之处。检查导线接线端子是否符合要求，压接是否牢固。

2. 电路通断检查

利用万用表检查电路的通断。检查时应选用适当倍率的电阻挡并进行较零，以防短路故障发生。

检查主电路时（可断开控制电路），用手压下接触器的衔铁来模拟接触器得电吸合时的情况，依次测量从电源端（L1、L2、L3）到电动机出线端子（U、V、W）上的每一相电路的电阻值，检查是否存在开路现象。

（二）通电试车步骤

通电试车步骤见表 4-1-2 所示。

表 4-1-2　通电试车步骤

项目	操作步骤	观察现象
空载试车（不接电动机）	合上电源开关 QF，引入三相电源	（1）电源指示灯亮。 （2）检查负载接线端子三相电源是否正常
	按下正转起动控制按钮 SB2	（1）正转接触器 KM1 线圈得电吸合，主触点闭合，常开触点闭合。 （2）电气元件动作是否灵活，有无卡阻或噪声过大等现象
	按下反转起动控制按钮 SB3	（1）正转接触器 KM1 线圈断电释放，反转接触器 KM2 线圈得电吸合，主触点闭合。 （2）电气元件动作是否灵活，有无卡阻或噪声过大等现象
	按下正转起动控制按钮 SB2	（1）反转接触器 KM2 线圈断电释放，正转接触器 KM1 线圈得电吸合，主触点闭合。 （2）电气元件动作是否灵活，有无卡阻或噪声过大等现象
	按压正转控制限位行程开关 SQ1	（1）正转接触器 KM1 线圈断电释放，反转控制接触器 KM2 线圈得电吸合，主触点闭合。 （2）电气元件动作是否灵活，有无卡阻或噪声过大等现象
	按压反转控制限位行程开关 SQ2	（1）反转控制接触器 KM2 线圈断电释放，正转接触器 KM1 线圈得电吸合，主触点闭合。 （2）电气元件动作是否灵活，有无卡阻或噪声过大等现象

续表

项目	操作步骤	观察现象
空载试车（不接电动机）	按下停止按钮 SB1	接触器 KM1、KM2 线圈断电释放
	按下正转起动控制按钮 SB2	（1）正转接触器 KM1 线圈得电吸合，主触点闭合，常开触点闭合。 （2）电气元件动作是否灵活，有无卡阻或噪声过大等现象
	按下压热继电器 FR 的复位键	接触器 KM1、KM2 线圈断电释放
负载试车（连接电动机）	合上电源开关 QF，引入三相电源	（1）电源指示灯亮。 （2）检查负载接线端子三相电源是否正常
	按下正转起动控制按钮 SB2	（1）正转接触器 KM1 线圈得电吸合，主触点闭合，常开触点闭合。 （2）电气元件动作是否灵活，有无卡阻或噪声过大等现象。 （3）电动机 M 正转并连续运行
	按下反转起动控制按钮 SB3	（1）正转接触器 KM1 线圈断电释放，反转接触器 KM2 线圈得电吸合，主触点闭合。 （2）电气元件动作是否灵活，有无卡阻或噪声过大等现象。 （3）电动机 M 反转并连续运行
	按下正转起动控制按钮 SB2	（1）反转控制接触器 KM2 线圈断电释放，正转控制接触器 KM1 线圈得电吸合，主触点闭合。 （2）电气元件动作是否灵活，有无卡阻或噪声过大等现象。 （3）电动机 M 正转并连续运行
负载试车（连接电动机）	按压正转控制限位行程开关 SQ1	（1）正转接触器 KM1 线圈断电释放，反转控制接触器 KM2 线圈得电吸合，主触点闭合。 （2）电气元件动作是否灵活，有无卡阻或噪声过大等现象。 （3）电动机 M 反转并连续运行
	按压反转控制限位行程开关 SQ2	（1）反转控制接触器 KM2 线圈断电释放，正转接触器 KM1 线圈得电吸合，主触点闭合。 （2）电气元件动作是否灵活，有无卡阻或噪声过大等现象。 （3）电动机 M 正转并连续运行
	按下停止按钮 SB1	（1）接触器 KM1、KM2 线圈断电释放。 （2）电动机 M 停止
	电流测量	电动机平稳运行时，用钳形电流表测量三相电流是否平衡
	断开电源	先拆除三相电源线，再拆除电动机线，完成通电试车

技能评定

一、训练要点及要求

培训的要点及要求主要包括：

（1）根据电动机的控制要求选择合适的电气元件。
（2）按照控制柜的制作规范和工艺要求，对控制柜及面板进行合理布局并标识元器件。
（3）根据电气控制电路进行电路的正确安装接线和调试，以达到所要求的控制功能。

二、技能评定标准

工作台自动往返控制电路安装与调试的评分标准如表 4-1-3 所示。

表 4-1-3　评分标准

项目内容	配分	评分标准	扣分
器材选用	10	（1）电气元件选错型号和规格（每个扣 2 分）。 （2）导线选用不符合要求（扣 4 分）。 （3）穿线管、编码套管等选用不当（每项扣 2 分）	
装前检查	5	电气元件漏检或错检（每处扣 1 分）	
安装布线	50	（1）电气元件布置不合理（扣 5 分）。 （2）电气元件安装不牢固（每只扣 4 分）。 （3）损坏电气元件（每只扣 10 分）。 （4）电动机安装不符合要求（每只扣 5 分）。 （5）走线通道敷设不符合要求（每处扣 4 分）。 （6）不按电路图接线（扣 20 分）。 （7）导线敷设不符合要求（每根扣 3 分）。 （8）漏接接地线（扣 10 分）	
通电试车	35	（1）热继电器未整定或整定错误（每只扣 5 分）。 （2）熔体规格选用不当（每只扣 5 分）。 （3）试车不成功（扣 30 分）	
安全文明生产		违反安全文明生产规程（扣 10～70 分）	
定额时间		训练时间为 6 h。训练不允许超时，修复故障允许超时。训练每超时 5 min（不足 5 min 以 5 min 计）扣 5 分	
备注		除定额时间外，各项内容的最高扣分不得超过配分数	成绩
开始时间		结束时间　　　　　　　　　实际时间	

总结与评价

总结与评价的内容主要包括：
（1）总结本任务的主要知识点和技能，评价学生在任务实施过程中的表现。
（2）讨论实训操作中工作台自动往返控制电路安装与调试存在问题与注意事项。
（3）填写表 4-1-4 所示的工作评价表相关内容。

表 4-1-4　工作评价表

项目	评价内容	考核指标	分值	自评	互评	师评
一、职业能力（70分）						
任务实施过程	明确工作任务	清楚工作任务内容	2			
		制订工作计划详细、可行	2			
		分工明确、合理	2			
	工作准备	工具、材料和元器件清单正确	4			
		具备相关的专业知识	10			
		工艺文件（布局图和接线图）识读正确	10			
	任务执行过程	执行元件检测，检测方法与结果正确	2			
		工具、设备完好	2			
		安全作业、文明生产	2			
		创新能力和解决问题能力	4			
任务成果质量	电路工艺	电路安装规范、美观、质量好	10			
	电路功能	电路功能正确	20			
二、个人素养（30分）						
遵守纪律	遵守课堂纪律	迟到扣2分、早退扣2分	5			
	遵守实训车间的规章制度	优秀、基本达标、不合格	5			
学习态度	认真完成学习任务	优秀、基本达标、不合格	5			
	工作精益求精、严谨求实	优秀、基本达标、不合格	5			
团队和创新精神	良好沟通、团队合作	优秀、基本达标、不合格	5			
	积极思考、敢于创新	优秀、基本达标、不合格	5			
		总分	100			
		教师签名：				

分析与思考

设计小车运行的控制电路。小车由三相交流异步电动机拖动，其动作要求包括：
（1）小车由原位开始前进，到终端后自动停止。
（2）在终端停留3 s后自动返回原位停止。
（3）要求在前进或后退过程中的任意位置都能停止或起动。

任务 4.2　传送带送料机构控制柜的安装与调试

任务描述

图 4-2-1 所示的典型传送带送料机构，物料首先停放在 1 号传送带上，经过一定时间后物料由 1 号传送带转送到 2 号传送带，再经过一定时间后物料转送到 3 号传送带上。当 2 号或 3 号传送带出现物料堆积时，1 号传送带停止进料。传送带按 1、2、3 的顺序停止工作。

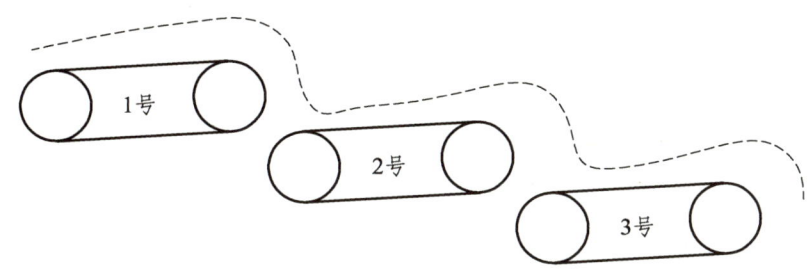

图 4-2-1　典型的传送带送料机构

任务目标

（1）掌握传送带送料机构的构成、原理等。
（2）掌握传送带送料机构安装方法。
（3）掌握传送带送料机构调试方法。

任务准备

一、传送带送料机构

（一）主电路分析

图 4-2-2 所示的典型传送带送料机构主电路的要求主要包括：

（1）起动顺序为 3 号、2 号、1 号，即顺序起动并要有一定的时间间隔，以防止货物在皮带上堆积，造成后面传送带的皮带重载起动。

（2）停车顺序为 1 号、2 号、3 号，即逆序停止，以保证停车后皮带上不残存货物。

（3）不论 2 号或 3 号传送带的驱动电动机出现过载故障，1 号电动机必须停车，以免继续进料造成货物堆积。

（4）根据电动机的型号选择合适的低压电气元件和导线。3 条传送带的驱动电动机型号均选定为 Y90S-4，性能指标为额定功率 1.1 kW、额定电流 2.7 A、额定转速 1 400 r/min。

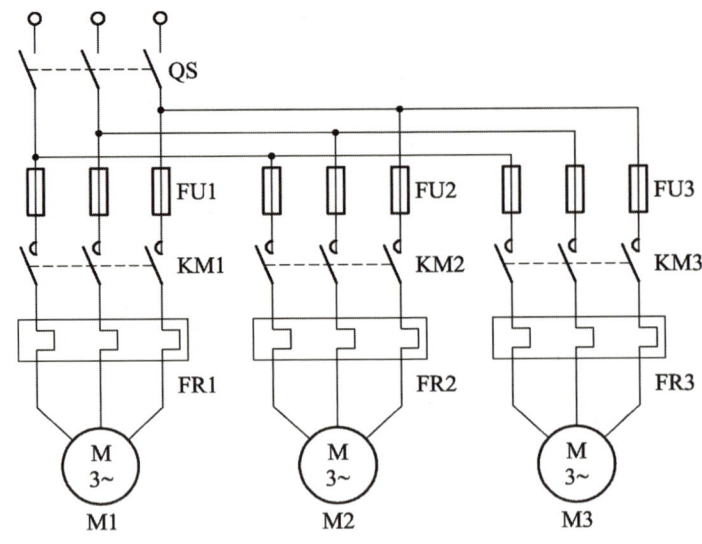

图 4-2-2　传送带送料机构主电路图

三条传送带分别由电动机 M1、M2、M3 拖动，均采用三相笼型异步电动机。由于电网容量足够大且三台电动机不同时起动，故采用直接起动方式。由于不经常起动、制动，对于制动时间和停车准确度也无特殊要求，因此制动时采用自由停车。

三台电动机分别由熔断器 FU1、FU2、FU3 作短路保护，分别由热继电器 FR1、FR2、FR3 作过载保护。

（二）控制电路的分析

典型传送带送料机构控制电路如图 4-2-3 所示，电路主要包括：

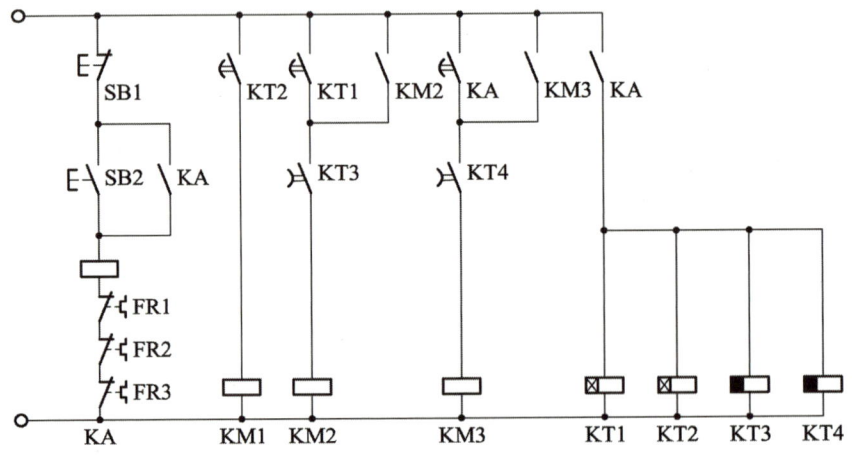

图 4-2-3　传送带送料机构控制电路图

（1）接触器 KM1、KM2、KM3 分别控制电动机 M1、M2、M3 的起动和停止。3 台电动机的起动顺序为 M3、M2、M1，因此可用接触器 KM3 的动合（常开）触点控制接触器 KM2 的线圈，用接触器 KM2 的动合（常开）触点控制接触器的 KM1 线圈。3 台电动机的停止顺序为 M1、M2、M3，可用接触器 KM1 的动合（常开）触点与接触器 KM2 线圈支路中的停止按钮并联，用接触器 KM2 的动合（常开）触点与 3 号接触器线圈支路中的停止按钮并联。

（2）根据任务书要求，在控制过程中需要一定时间进行自动控制三条传送带的交替工作。为了实现自动控制，传送带电动机的起动和停车可用时间继电器作为输出器件的控制信号。以通电延时型时间继电器的延时动合（常开）触点作为起动信号，以断电延时型时间继电器的延时断开的动合（常开）触点作为停车信号，延时时间范围不大于 5 min。为了让三条传送带按顺序自动工作，采用了中间继电器 KA。

（3）送料机构工作过程

典型的传送带送料机构的完整工作过程主要包括：

①按下起动按钮 SB2，KA 线圈通电吸合并自锁，KA 动合（常开）触点闭合，接通时间继电器 KT1~KT4，其中 KT1、KT2 为通电延时型时间继电器，KT3、KT4 为断电延时型时间继电器。KA 的动合（常开）触点闭合时，KT3、KT4 的动合（常开）触点立即闭合，为 KM2 和 KM3 的线圈通电准备条件。中间继电器 KA 另一个动合（常开）触点闭合，与 KT4 一起接通 KM3，电动机 M3 首先起动；经过一段时间，达到 KT1 的整定时间，则 KT1 的动合（常开）触点闭合，使 KM2 通电吸合，电动机 M2 起动；再经过一段时间，达到 KT2 的整定时间，则 KT2 的动合（常开）触点闭合，使 KM1 通电吸合，电动机 M1 起动。

②按下停止按钮 SB1，KA 断电释放，4 个时间继电器同时断电，KT1、KT2 动合（常开）触点立即断开。KM1 失电，电动机 M1 停车；由于 KM2 自锁，所以，只有达到 KT3 的整定时间，KT3 断开，才使 KM2 断电，电动机 M2 停车；最后，达到 KT4 的整定时间，KT4 的动合（常开）触点断开，使 KM3 线圈断电，电动机 M3 停车。

二、电气控制柜（箱）的制作及柜体尺寸选择

（一）电气控制柜元器件安装原则

电气控制柜（箱）的元器件要固定在柜（箱）内的铁板或绝缘板（即控制面板）上。元器件的安装原则主要包括：

（1）元器件安装顺序及位置。

①总开关装在最上方，继电器装在总开关两侧或装在总开关与接触器之间的主回路中，如电流继电器、热继电器等。

②其次是互感器、熔断器、接触器等。

③最下部为限流装置，如频敏变阻器、起动电阻、自耦变压器等。

④接线端子板应装在便于更换和接线的地方，一般置于面板的两侧或下方。

（2）元器件安装规范。

元器件间的排列应整齐、紧凑，便于接线。

（3）元器件安装距离要求。

①元器件间的距离应适于元件的散热和导线的固定排列。

②元件与元件间的水平间距一般为 30~50 mm。

③元件与元件间的垂直间距一般大于 100 mm。

④元件距面板边缘的间距大于 50 mm。

(二)电气控制柜(箱)的制作及确定柜体尺寸的原则

电气控制柜(箱)的制作及确定柜体尺寸的原则主要包括:
(1)元器件的尺寸可查阅电气设备手册或设备说明书。
(2)控制柜(箱)的最小深度按照最厚元件的尺寸确定。
(3)得出上述尺寸后,与《高度进制为 20 mm 的面板、架和柜的基本尺寸系列》(GB/T 3047.1—1995)规定的柜(箱)标准尺寸进行比较,选择稍大于并最邻近计算尺寸的标称尺寸作为控制柜的外形尺寸。
(4)开门方式应根据柜(箱)体的大小、用途、接线方式、功能及安装场来确定。
(5)将信号灯、按钮、计量仪表等排列在柜门的面板上,由上至下的排列顺序为计量仪表、信号灯、按钮、钥匙开关等。

三、配线及安装

配线及安装的步骤主要包括:
(1)读懂电路图。
①熟悉传送带送料机构的主电路及控制电路,分析其工作原理。
②分析电路的功能及其动作过程是否正确。
③检查元件明细表是否与原理图要求相符。
(2)配电板的制作。
①配电板的选料。
②准备所需元器件并将元器件固定在面板上。
③在面板上固定元器件,包括划线、钻孔、套螺纹、垫绝缘、固定等工序。
(3)对固定好的元器件进行配线及安装。

四、调试前检查

对于配线并安装好的传送带送料机构的主电路及控制电路,在调试之前必须进行的检查内容主要包括:
(1)按接线图检查各部分的接线是否正确,线号是否完好无损,接线端子有无松动,导线的压接端头是否合格,各导线的截面是否符合图纸的规定。
(2)检查接地情况。
(3)检查各手动开关、限位开关的动作是否可靠,各接触器、继电器的动作(手推)是否灵活,接触器是否可靠,接线有无松动,灭弧装置是否完整。
(4)检查各保护环节。
(5)检查各电机安装是否牢固,防护网、防护罩是否装好,用手盘动电动机转轴后观察电动机转动是否灵活,有无卡阻现象(有变速箱时暂挂在空挡)。对于直流电动机,还要检查电刷的压力及接触情况,换向器是否光洁,电刷在刷握中是否过紧,刷架是否紧固。
(6)检查各部分绝缘电阻。
(7)断开交流接触器下接线端子上的电动机引线,按下起动和停止按钮。

五、保护元器件的整定

对于传送带送料机构的主电路和控制电路，需要整定的保护元器件主要包括：
（1）过电流继电器的整定。
（2）过电压继电器的整定。
（3）失磁保护继电器的整定。
（4）设备起动时间的整定。

六、试车

（一）调试控制电路

调试控制电路需要注意的事项主要包括：
（1）断开电动机的主电路，接通控制电源，检查各部分的电压是否符合规定，信号灯、零压继电器等工作是否正常。
（2）操作各按钮或开关，与其控制相关的各继电器、接触器的吸合和释放都应迅速、无卡阻现象和不正常噪声，各信号指示灯应符合控制要求的规定。
（3）采用模拟的方法试验各保护元器件的动作，应具有迅速、准确、可靠的保护功能。
（4）对于电气联锁环节，应满足原理图要求的联锁功能且准确可靠；行程开关的限位作用达到准确可靠。

（二）调试主电路

调试主电路的步骤主要包括：
（1）恢复各电动机主电路的接线，起动油泵，检查油压机各部位润滑是否正常，手摇各传动机构于适中位置。
（2）采用点动方法检查电动机的旋转方向是否正确。
（3）起动电动机时，应用钳形电流表分别测量电动机三相起动电流。
（4）电动机正常运转后，用钳形电流表分别测量电动机三相电流，比较三相电流是否平衡，空载（机械挂空挡）是否正常，满载（或负载）电流是否超过额定值。
（5）如果电流正常，电动机运行 30 min，运行中应经常测试电动机的外壳温度，检查较长时间运行中电动机的温升是否变化太高或太快。
（6）按照先点动、后正常起动运行主传动电动机，采用先空载、后负载，先低速、后高速的原则，按照步骤（1）~（5）重新做主传动试车。

任务实施

一、实训准备

实训需要准备的工器具主要包括：
（1）工具。
实训需要准备的工具主要包括尖嘴钳、斜嘴钳、剥线钳、螺钉旋具（十字槽、一字槽）等。

（2）仪表。

实训需要准备的仪表主要包括万用表、绝缘电阻表。

（3）器材。

实训需要准备的器材主要包括三相笼型异步电动机三台、交流接触器、热继电器、按钮、电源开关、熔断器、时间继电器、中间继电器及导线等。

二、元器件的选择

根据电动机控制要求和工艺,结合图 4-2-2 和图 4-2-3 所示的主电路、控制电路选择元器件,主要包括：

（1）电源开关 QS 的选择。

电源开关 QS 的作用主要是引入电源及控制电动机 M1~M3 的起动和停止等。因此选择 QS 时主要考虑电动机 M1~M3 的额定电流和起动电流。

图 4-2-2 所示的电动机 M1~M3 的额定电流之和为 8.1 A，所以 QS 可以选用 HZ10-10/3 型组合开关，该型组合开关的额定电流为 10 A。

（2）热继电器的选择。

热继电器的作用主要是对电动机 M1~M3 进行过载保护，可以根据电动机的额定电流来选择热继电器。

图 4-2-2 所示的电动机 M1~M3 的额定电流之和为 8.1 A，所以热继电器 FR1~FR3 可以选用 JR36-20 4.7/5A 型热继电器，该型号热继电器的热元件额定电流为 5 A，电流调整为 2.5~3 A。

（3）接触器的选择。

根据负载回路的电压、电流以及接触器所控制回路的电压和所需触点的数量等来选择接触器。

由图 4-2-2 和图 4-2-3 所示的主电路、控制电路可知，接触器 KM1 主要用于控制电动机 M1，而接触器 KM1 的额定电流为 2.7 A，控制回路电源为 220 V，需主触点 3 对，辅助动合（常开）触点 2 对，辅助动断（常闭）触点 1 对。所以，KM1 选用 CJX2-0910 型接触器，主触点额定电流为 9 A，线圈电压为 220 V。

（4）中间继电器的选择。

由图 4-2-2 和图 4-2-3 所示的主电路、控制电路可知，KA 选择 JZ7-44 型交流中间继电器，动合（常开）、动断（常闭）触点各 4 个，额定电流为 5 A，线圈电压为 220 V。

（5）熔断器的选择。

根据熔断器的额定电压、额定电流和熔体的额定电流选择熔断器。熔断器 FU1、FU2、FU3 主要对电动机 M1、M2 和 M3 进行短路保护，三个电动机的额定电流均为 2.7 A。因此，熔体的额定电流可表示为

$I_{FU} \geq (1.5 \sim 2.5) I_{Nmax} + \sum I_N$

由以及分析及相关数据，计算可得 $I_{FU} \geq 7.18$ A，因此，选择 RL1-15 型熔断器，熔体额定电流为 2 A。

（6）按钮的选择。

根据需要的触点数目、动作要求、使用场合、颜色等选择按钮。图 4-2-3 中按钮 SB1、SB2 选择 LA18 型按钮，颜色分别为红色、绿色。

（7）时间继电器的选择。

在选用时间继电器时应遵循的规则主要包括：

①根据控制电路的需要来选择时间继电器为通电延时型还是断电延时型。

②根据控制电路的电压来选择时间继电器吸引绕组的电压。

③若对延时要求高，可选择晶体管式时间继电器或电动式时间继电器；若对延时要求不高，可选择空气阻尼式时间继电器。图 4-2-3 所示的通电延时型时间继电器 KT1、KT2 和断电延时型时间继电器 KT3、KT4 均选用正泰 JSZ3B 系列，电压 220 V。

综上所述，传送带送料机构控制柜的电气元器件明细表如表 4-2-1 所示。

表 4-2-1　传送带送料机构控制柜的电气元器件明细表

序号	符号	元件名称	型号	规格	数量	作用
1	M1~M3	电动机				
2	QS	空气开关				
3	KM1~KM3	交流接触器				
4	KA	中间继电器				
5	FR1~FR3	热继电器				
6	FU1~FU3	熔断器				
7	SB1~SB2	控制按钮				
8	KT1~KT4	时间继电器				

三、电气控制柜的安装配线

电器控制柜的安装配线流程主要包括：

（1）制作安装底板。

根据图 4-2-4 所示的传送带送料机构电气元器件布置图其制作安装底板，包含了柜内电器板，如配电盘。

（2）选配导线。

主电路选用 1.5 mm² 的导线，控制电路选用 0.75 mm² 的导线，在实际生产过程中根据负载情况适当选配更大规格的导线。

（3）安装线槽布局控制面板。

根据安装的操作规程，按照图 4-2-4 所示的电气元器件布置图及线槽的安装要求制作线槽并固定在网孔板上。

（4）安装元器件。

根据安装尺寸固定元器件。

（5）元器件编号。

根据图 4-2-2、图 4-2-3 所示的主电路和控制电路原理图，对安装的元器件和连接导线进行编号并给出编号标志。

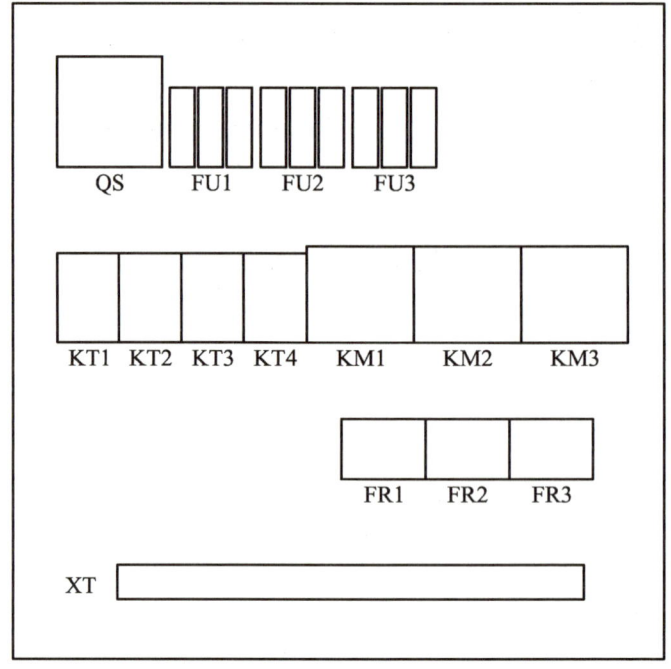

图 4-2-4　传送带送料机构电气元器件布置图

（6）接线。

根据接线的要求，先连接控制柜内的主电路、控制电路，再连接柜外的其他电路和设备，如床头操作显示面板、刀架拖动操作板、电动机和刀架快速按钮等，特殊的、需外接的导线连接到接线端子板上，引入对应的按钮箱进行连接。

四、电气控制柜的安装检查

电气控制柜的安装检查内容主要包括：

（1）根据图 4-2-2、图 4-2-3 所示的电气原理图，对安装好的电气控制柜逐线检查，核对线号，防止错接、漏接。

（2）检查各接线端子是否有虚接情况，如有虚接则及时改正。

（3）按下接触器 KM1、KA 的触点架，此时测得的电阻仍为 KM1、KA 的线圈电阻，则 KM1、KA 自锁起作用，否则 KM1、KA 的动合（常开）触点可能虚接或漏接。

（4）接上电动机 M1 主电路的三根电源线，断开控制电路（取出 FU1 的熔体），取下接触器的灭弧罩，合上开关 QS。万用表的两个表笔分别接到 L1-L2、L2-L3、L3-L1，此时测得的电阻值应为无穷大；若测量的电阻值为零，则说明万用表表笔对应的两相接线短路。按下接触器 KM1 的触点架，使其动合（常开）触点闭合，重复上述测量，则测得的电阻应为电动机 M1 两相绕组的阻值，三次测量的结果应一致，否则应进一步检查。

（5）在上述检查过程中发现问题，应结合测量结果分析图 4-2-2、图 4-2-3 所示的电气原理图，排除故障后再进行相关的操作。

五、电气控制柜的调试

完成上述检查并确保准确无误后方可进行通电测试。

技能评定

一、训练要点及要求

训练要点及要求主要包括：
（1）根据电动机的控制要求选择合适的电气元件。
（2）按照控制柜的制作规范和工艺要求，对控制柜及面板进行合理布局并标识元器件。
（3）根据电气控制电路进行电路的正确安装接线和调试，以达到所要求的控制功能。

二、技能评定标准

传送带送料机构主电路和控制电路安装与调试的评分标准如表 4-2-2 所示。

表 4-2-2　评分标准

项目内容	配分	评分标准	扣分
器材选用	10	（1）电气元件选错型号和规格（每个扣 2 分）。 （2）导线选用不符合要求（扣 4 分）。 （3）穿线管、编码套管等选用不当（每项扣 2 分）	
装前检查	5	电气元件漏检或错检（每处扣 1 分）	
安装布线	50	（1）电气元件布置不合理（扣 5 分）。 （2）电气元件安装不牢固（每只扣 4 分）。 （3）损坏电气元件（每只扣 10 分）。 （4）电动机安装不符合要求（每只扣 5 分）。 （5）走线通道敷设不符合要求（每处扣 4 分）。 （6）不按电路图接线（扣 20 分）。 （7）导线敷设不符合要求（每根扣 3 分）。 （8）漏接接地线（扣 10 分）	
通电试车	35	（1）热继电器未整定或整定错误（每只扣 5 分）。 （2）熔体规格选用不当（每只扣 5 分）。 （3）试车不成功（扣 30 分）	
安全文明生产		违反安全文明生产规程（扣 10~70 分）	
定额时间		训练时间为 6 h。训练不允许超时，修复故障允许超时。训练每超时 5 min（不足 5 min 以 5 min 计）扣 5 分	
备注		除定额时间外，各项内容的最高扣分不得超过配分数	成绩
开始时间		结束时间　　　　　　　实际时间	

总结与评价

总结与评价的内容主要包括：
（1）总结本任务的主要知识点和技能，评价学生在任务实施过程中的表现。
（2）讨论实训操作中工作台自动往返控制电路安装与调试存在的问题与注意事项。
（3）填写表 4-2-3 所示的工作评价表相关内容。

表 4-2-3　工作评价表

项目	评价内容	考核指标	分值	自评	互评	师评
一、职业能力（70分）						
任务实施过程	明确工作任务	清楚工作任务内容	2			
		制订工作计划详细、可行	2			
		分工明确、合理	2			
	工作准备	工具、材料和元器件清单正确	4			
		具备相关的专业知识	10			
		工艺文件（布局图和接线图）识读正确	10			
	任务执行过程	执行元件检测，检测方法与结果正确	2			
		工具、设备完好	2			
		安全作业、文明生产	2			
		创新能力和解决问题能力	4			
任务成果质量	电路工艺	电路安装规范、美观、质量好	10			
	电路功能	电路功能正确	20			
二、个人素养（30分）						
遵守纪律	遵守课堂纪律	迟到扣2分、早退扣2分	5			
	遵守实训车间的规章制度	优秀、基本达标、不合格	5			
学习态度	认真完成学习任务	优秀、基本达标、不合格	5			
	工作精益求精、严谨求实	优秀、基本达标、不合格	5			
团队和创新精神	良好沟通、团队合作	优秀、基本达标、不合格	5			
	积极思考、敢于创新	优秀、基本达标、不合格	5			
总分			100			
		教师签名：				

分析与思考

某机床由两台三相笼型异步电动机 M1 与 M2 拖动，其控制要求主要包括：
（1）M1 起动 20 s 后方可起动 M2（M2 可以直接起动）。

(2) M2 停车后方可使 M1 停车。
(3) M1 与 M2 起、停均要求两地控制。
试制订该机床的电气控制方案并设置必要的保护环节。

任务 4.3　机床电气控制柜电路的安装与调试

任务描述

图 4-3-1 所示的 CW6163 型卧式车床属于普通的小型车床，性能优良，应用较广泛。该卧式车床的主轴正反转由两组机械式摩擦片离合器控制，主轴的制动采用液压制动器；进给的纵向（左右）运动、横向（前后）运动及快速移动均由一个手柄控制。

图 4-3-1　CW6163 型卧式车床

任务目标

（1）掌握机床电气控制柜电路的构成、原理等。
（2）掌握机床电气控制柜电路的安装方法。
（3）掌握机床电气控制柜电路的调试方法。

任务准备

一、卧式车床电气控制

（一）卧式车床电气电路

1. 卧式车床电气控制的要求

图 4-3-1 所示的 CW6163 型卧式车床的电气控制设计要求主要包括：
（1）根据工件的最大长度要求，为了减少辅助工作时间，要求配备一台主轴电动机和一台刀架快速移动电动机。主轴运动的起、停要求两地控制。
（2）车削时产生的高温，可由一台普通冷却泵电动机加以控制。
（3）根据整个生产线状况，要求配备一套局部照明装置及必要的工作状态指示灯。

（4）根据电动机的型号，选择合适的低压电气元件：

①主轴电动机 M1。

型号选定为 Y160M-4，性能指标为：11 kW、380 V、22.6 A、1 460 r/min。

②冷却泵电动机 M2。

型号选定为 JCB-22，性能指标为：0.125 kW、0.43 A、2 790 r/min。

③刀架快速移动电动机 M3。

型号选定为 Y90S-4，性能指标为：1.1 kW、2.7 A、1 400 r/min。

2. CW6163 型卧式车床电气控制电路图

CW6163 型卧式车床电气控制电路图如图 4-3-2 所示。

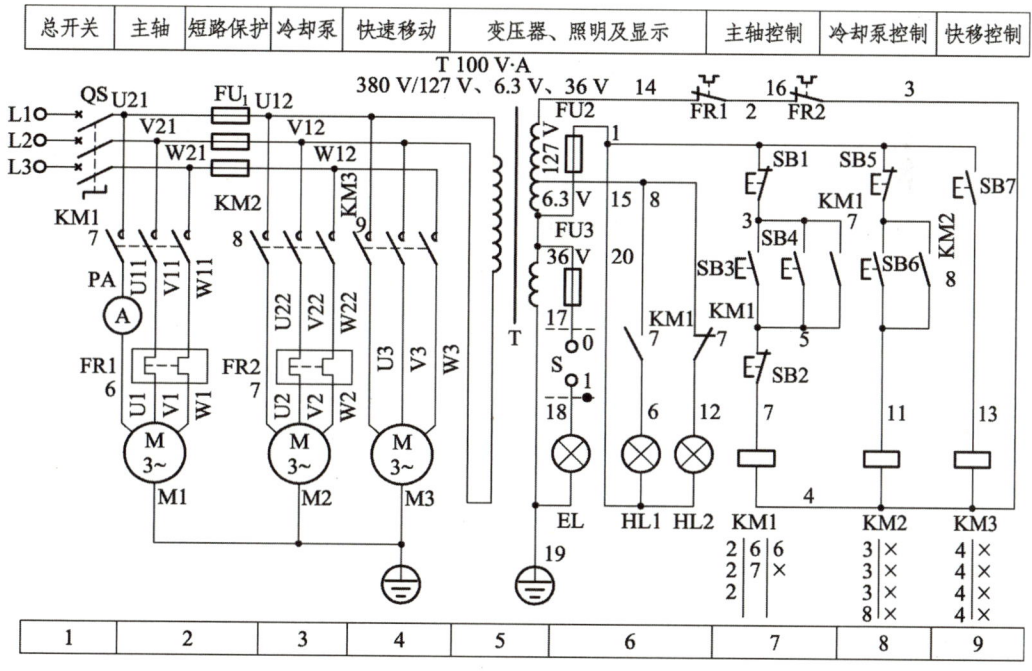

图 4-3-2　CW6163 型卧式车床电气控制电路图

（二）卧式车床主电路的分析

1. 主轴电动机 M1 电路分析

根据设计要求，主轴电动机 M1 的正反转由机械式摩擦片离合器加以控制。根据车削工艺的特点，同时考虑到主轴电动机 M1 的功率较大，最后确定 M1 采用单向直接起动控制方式，由接触器 KM1 进行控制。对 M1 设置过载保护（FR1），采用电流表 PA 并根据指示的电流监视其车削量。

由于向车床供电的电源开关要装熔断器，所以电动机 M1 没有用熔断器进行电路保护。

2. 冷却泵电动机 M2 及快速移动电动机 M3 电路分析

M2 和 M3 的功率及额定电流均较小，可以利用交流中间继电器 KM2 和 KM3 来进行控制。在设置保护时，考虑到 M3 属于短时运行，故不需设置过载保护。

(三)卧式车床控制电路电源的分析

考虑到安全可靠以及满足照明和指示灯的要求,采用控制变压器 T 供电,其一次侧为交流 380 V,二次侧为交流 127 V、36 V、6.3 V。其中 127 V 给接触器 KM1 和中间继电器 KM2 和 KM3 的线圈供电,36 V 给局部照明电路供电,6.3 V 给指示灯电路供电。

(四)卧式车床控制电路的分析

1. 电动机 M1 控制电路的设计

根据设计要求,主轴电动机要求实现两地控制,可在机床的床头操作板上和刀架拖板上分别设置起动按钮 SB3、SB4 和停止按钮 SB1、SB2。

2. 电动机 M2、M3 控制电路的设计

根据设计要求和 M2、M3 需完成的工作任务,确定 M2 采用单向起、停控制方式,M3 采用点动控制方式。

(五)卧式车床照明及信号指示电路的分析

照明设备由照明灯 EL、灯开关 S 和照明回路熔断器 FU3 构成。

信号指示电路由两路构成:

(1)一路为三相电源接通指示灯 HL2(绿色),在电源开关 QS 接通以后立即发光,表示机床电路已处于供电状态;

(2)另一路为指示灯 HL1(红色),表示主轴电动机是否运行。

指示灯 HL1 和 HL2 分别由接触器 KM1 的动合(常开)和动断(常闭)触点进行切换通电。

二、电气控制系统的制作流程

CW6163 型卧式车床电气控制系统的制作流程如图 4-3-3 所示。

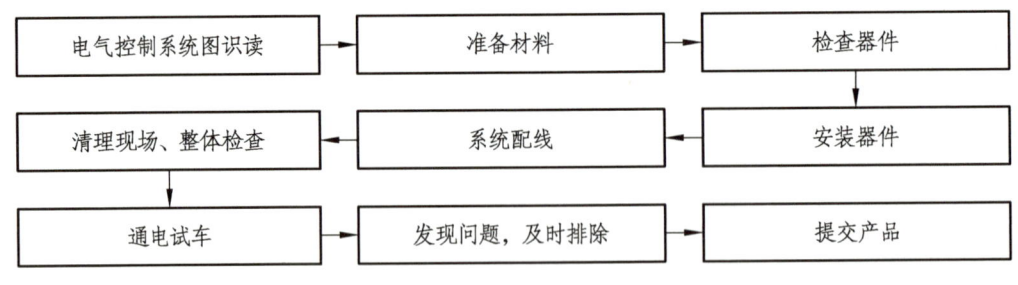

图 4-3-3 电气控制系统制作流程图

三、控制柜的制作工艺

(一)控制箱体结构说明

控制箱体的结构主要包括:

(1)控制箱体结构主要包括箱体、面板、底板,如图 4-3-4 所示。

(2)面板主要布置仪表、人机界面、信号灯、按钮等器件,如图 4-3-5 所示。

（3）底板主要布置断路器、接触器、继电器、控制器、接线端子等器件。

图 4-3-4　控制箱体结构

图 4-3-5　面板

（二）器件布置说明

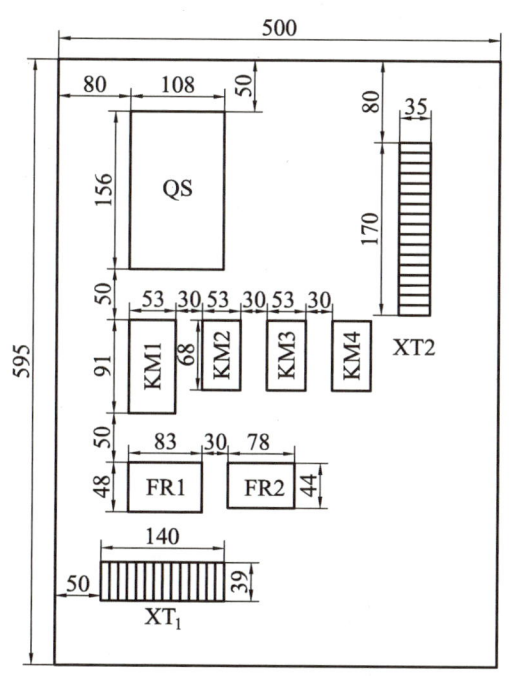

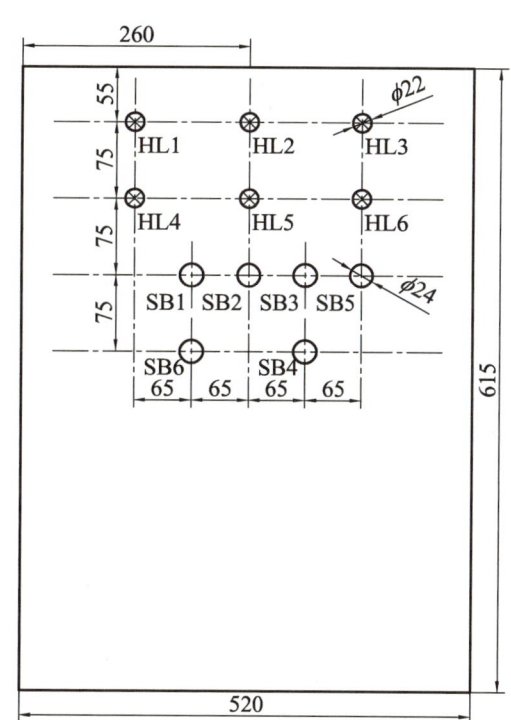

图 4-3-6　器件布置说明图

CW6163 型卧式车床电气控制系统的器件布置说明图如图 4-3-6 所示，器件布置过程中的注意事项主要包括：

（1）器件布局要紧凑，同一类器件布局在一起。

（2）底板上器件布置原则主要包括：

①上层布置电源开关设备。

②中层布置核心控制元件和动力输出控制元件。

③下层和侧面布置接线端子。

（3）器件与线槽边界保持 20~30 mm 距离。
（4）面板器件布置原则主要包括：
①上层布置仪表、人机界面；中层布置信号灯；下层布置按钮。
②信号灯和按钮开孔的中心距至少保持 50 mm 距离。
③绿色按钮起动，红色按钮停止。
④绿色信号灯表示运行，红色信号灯表示停止。

（三）配线说明

CW6163 型卧式车床电气控制系统的配线说明图如图 4-3-7 所示，配线过程中的注意事项主要包括：

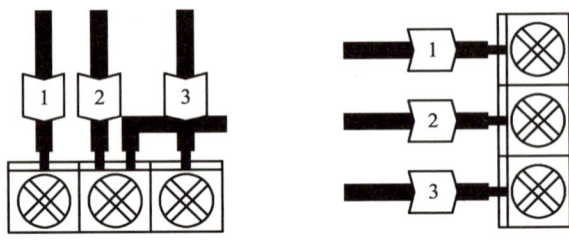

图 4-3-7　配线说明图

（1）所有接线端子接的导线都要紧固，不能松脱。
（2）每一个 U 型压片的接线端子上最多能接 2 根导线。
（3）在整个配线过程中，不允许破坏导线的绝缘层，导线中间不允许有接头。
（4）导线的接线端子处都要有线号。若一个接线端子上接 2 根导线，则只在一根导线上放置线号即可，线号的阅读顺序是从下向上、从左到右。
（5）硬导线的剥线长度大约 10 mm。
（6）软导线应套上线鼻子，压紧后再插到端子。注意铜线芯不要露出线鼻子且要压实。导线安装线鼻子的流程如图 4-3-8 所示。

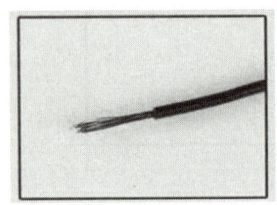 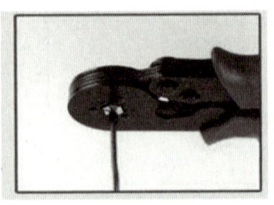 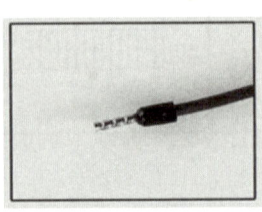

（a）连接部位剥线　　　（b）电线插入端子　　　（c）钳子压紧　　　（d）完成压接

图 4-3-8　导线安装线鼻子制作流程

任务实施

一、实训准备

实训需要准备的工器具主要包括：

（1）工具。

实训需要准备的工具主要包括尖嘴钳、斜嘴钳、剥线钳、螺钉旋具（十字槽、一字槽）等。

（2）仪表。

实训需要准备的仪表主要包括万用表，绝缘电阻表。

（3）器材。

实训需要准备的器材主要包括机床电气控制柜。

二、元器件的选择

根据电动机控制要求和工艺，结合电气控制原理图选择元器件，主要包括：

（1）电源开关 QS 的选择。

QS 的作用主要是引入电源及控制 M1~M3 的起、停等。因此 QS 的选择主要考虑电动机 M1~M3 的额定电流和起动电流。由 M1~M3 的额定电流值可得额定电流之和为 25.73 A，另外 M2、M3 虽为满载起动但功率较小，M1 功率较大但为轻载起动。所以，QS 选用 HZ10-25/3 型组合开关，额定电流为 25 A。

（2）热继电器 FR 的选择。

根据电动机的额定电流选用热继电器。FR1 选用 JR20-25 型热继电器，热元件额定电流为 25 A，额定电流调节范围为 17~25 A，工作时电流调整在 22.6 A；FR2 选用 JR20-10 型热继电器，热元件额定电流为 0.53 A，额定电流调节范围为 0.35~0.53 A，工作时调整在 0.43 A。

（3）接触器的选择。

根据负载回路的电压、电流以及接触器所控制回路的电压和所需触点的数量等来选择接触器。在图 4-3-2 所示的电气控制图中，KM 主要对 M1 进行控制，而 M1 的额定电流为 22.6 A，控制回路电源为 127 V，需主触点 3 对，辅助动合（常开）触点 2 对，辅助动断（常闭）触点 1 对。所以，KM 选择 CJ10-40 型接触器，主触点额定电流为 40 A，线圈电压为 127 V。

（4）中间继电器的选择。

在图 4-3-2 所示的电气控制图中，由于 M2 和 M3 的额定电流都很小，可以用交流中间继电器代替接触器进行控制。KA1 和 KA2 均选择 JZ7-44 型交流中间继电器，动合（常开）、动断（常闭）触点各 4 个，额定电流为 5 A，线圈电压为 127 V。

（5）熔断器的选择。

根据熔断器的额定电压、额定电流和熔体的额定电流等选择熔断器。

图 4-3-2 所示的电气控制图中 FU1 主要对 M2 和 M3 进行短路保护，M2 和 M3 的额定电流分别为 0.43 A、2.7 A。因此，熔体的额定电流可表示为

$$I_{FU1} \geqslant (1.5\text{~}2.5)I_{Nmax} + \sum I_N$$

计算可得 $I_{FU1} \geqslant 7.18$ A，因此，FU1 选择 RL1-15 型熔断器，熔体为 10 A。FU2、FU3 主要是对控制电路和照明电路进行短路保护，电流较小，因此选择 RL1-15 型熔断器，熔体为 2 A。

（6）按钮的选择。

根据需要的触点数目、动作要求、使用场合、颜色等选择按钮。图 4-3-2 所示的电气控制图中，SB3、SB4、SB6 选择 LA18 型按钮，颜色为黑色；SB1、SB2、SB5 也选择 LA18 型按钮，颜色为红色；SB7 的选择型号也相同，但颜色为绿色。

（7）照明及指示灯的选择。

照明灯 EL 选择交流 36V，40W 的 JC 系列，与灯开关 S 成套配置；指示灯 HL1 和 HL2 选择，6.3 V/0.25 A 的 ZSD-0 型，颜色分别为红色和绿色。

（8）控制变压器的选择。

变压器选择 BK-100 V·A 型，变压器的输入电压为 220 V，输出电压包括 127 V、36 V、6.3 V。

综合所述，填写表 4-3-1 所示的 CW6163 型卧式车床电气元器件明细表。

表 4-3-1 CW6163 型卧式车床的电气元器件明细表

序号	符号	元件名称	型号	规格	件数	作用
1	M1	主轴电动机				
2	M2	冷却泵电动机				
3	M3	刀架电动机				
4	QS	组合开关				
5	KM1	交流接触器				
6	KM2，KM3	中间继电器				
7	FR1	热继电器				
8	FR2	热继电器				
9	FU1	熔断器				
10	FU2，FU3	熔断器				
11	T	控制变压器				
12	SB3，SB4，SB6	控制按钮				
13	SB1，SB2，SB5	控制按钮				
14	SB7	控制按钮				
15	HL1，HL2	指示灯				
16	EL，S	照明灯、灯开关				
17	PA	交流电流表				

三、电气控制柜的安装配线

（一）制作安装底板

CW6163 型卧式车床电气电路较复杂，根据电气安装接线图，安装底板包括柜内电器板（配电盘）、床头操作显示面板和刀架拖动操作板，如图 4-3-9 所示。

（二）选配导线

根据车床特点，CW6163 型卧式车床电气控制柜的配线方式选用明配线。根据图 4-3-10 所示的 CW6163 型卧式车床电气元器件接线图对已选配好的导线进行配线。

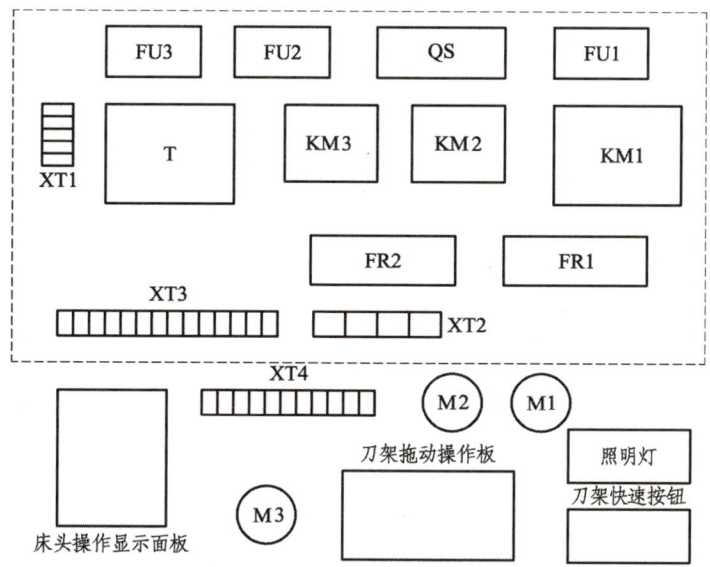

图 4-3-9　CW6163 型卧式车床电气元器件布置图

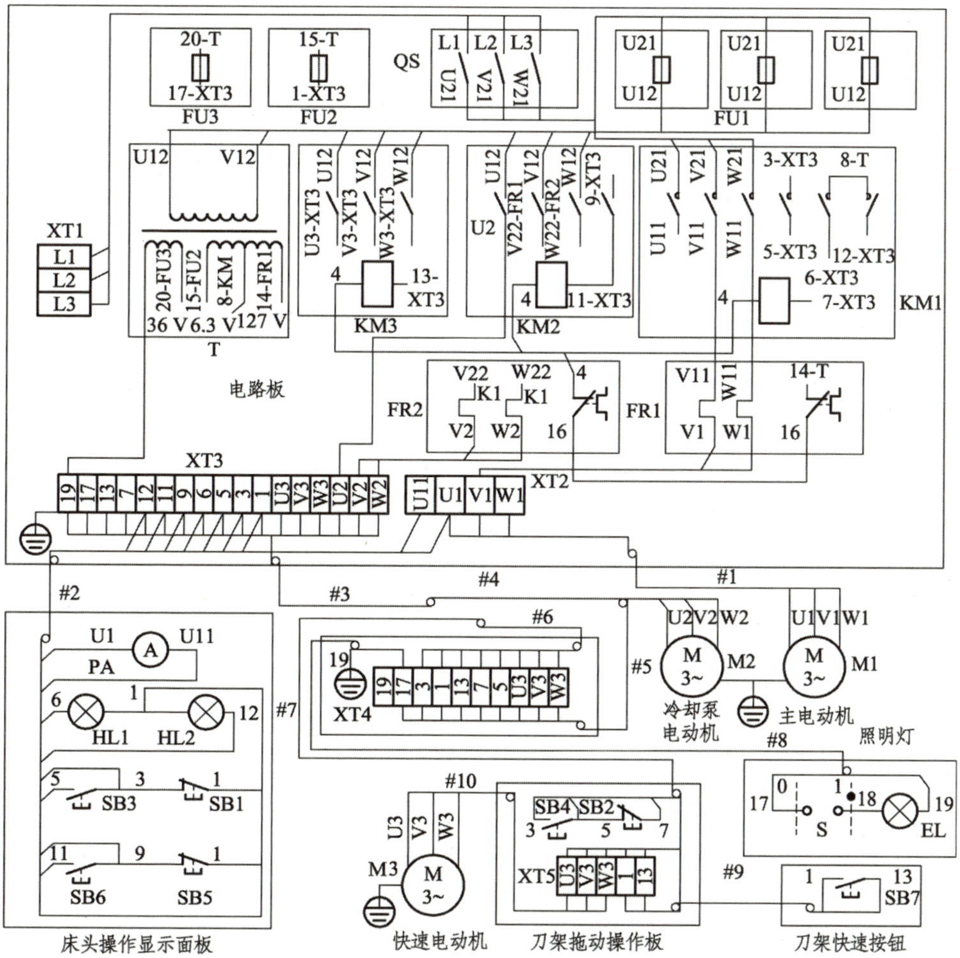

图 4-3-10　CW6163 型卧式车床电气元器件接线图

（三）安装线槽布局控制面板

根据安装操作规程，按照图 4-3-9 所示的 CW6163 型卧式车床电气元器件布置图及线槽的安装要求制作线槽并固定在网孔板上。

（四）安装元器件

根据安装尺寸固定元器件。

（五）元器件编号

根据图 4-3-2 所示的 CW6163 型卧式车床电气控制电路图给安装的各元器件和连接导线进行编号，给出编号标志。

（六）接线

根据图 4-3-10 所示的 CW6163 型卧式车床电气元器件接线图及接线的要求，先连接控制柜内的主电路、控制电路，再连接柜外的其他电路和设备，包括床头操作显示面板、刀架拖动操作板、电动机和刀架快速按钮等。特殊的、需外接的导线接到接线端子板上，再引入对应的按钮箱进行连接。

四、电气控制柜的安装检查

（一）常规检查

电气控制柜的常规检查内容主要包括：

（1）根据图 4-3-2 所示的 CW6163 型卧式车床的电气控制电路图以及图 4-3-10 所示的 CW6163 型卧式车床电气元器件接线图，对安装完毕的电气控制柜逐线检查，核对线号，防止错接、漏接。

（2）检查各接线端子是否有虚接情况，如有虚接则及时改正。

（3）按下接触器 KM1、KM2 的触点架，此时测得的电阻仍为 KM1、KM2 的线圈电阻，则 KM1、KM2 自锁起作用，否则 KM1、KM2 的动合（常开）触点可能虚接或漏接。

（二）检查主电路

电气控制柜的主电路常规检查内容主要包括：

（1）接上电动机 M1 主电路的三根电源线，断开控制电路（取出 FU1 的熔体），取下接触器 KM1 的灭弧罩，合上开关 QS，将万用表的两个表笔分别接到 L1-L2、L2-L3、L3-L1，此时测量的电阻值应为无穷大；如果测量的电阻值为 0，则说明对应两相接线短路。

（2）按下接触器 KM 的触点架，使其动合（常开）触点闭合，重复上述测量，则测得的电阻值应为电动机 M1 两相绕组的阻值，三次测量的结果应一致，否则应进一步检查。

（3）上述检查过程中如果发现问题，应结合测量结果分析图 4-3-2 所示的电气原理图，排除故障之后再进行下面的工作。

五、电气控制柜的调试

经上述检查准确无误后,可进行通电测试。

技能评定

一、训练要点及要求

训练要点及要求主要包括:
(1)根据电动机的控制要求选择合适的电气元件。
(2)按照控制柜的制作规范和工艺要求,对控制柜及面板进行合理布局并标识元器件。
(3)根据电气控制电路进行电路的正确安装接线和调试,以达到所要求的控制功能。

二、技能评定标准

CW6163型卧式车床电气控制电路安装调试的技能评定标准如表4-3-2所示。

表4-3-2　技能评定标准

项目内容	配分	评分标准	扣分
器材选用	10	(1)电气元件选错型号和规格(每个扣2分)。 (2)导线选用不符合要求(扣4分)。 (3)穿线管、编码套管等选用不当(每项扣2分)	
装前检查	5	电气元件漏检或错检(每处扣1分)	
安装布线	50	(1)电气元件布置不合理(扣5分)。 (2)电气元件安装不牢固(每只扣4分)。 (3)损坏电气元件(每只扣10分)。 (4)电动机安装不符合要求(每只扣5分)。 (5)走线通道敷设不符合要求(每处扣4分)。 (6)不按电路图接线(扣20分)。 (7)导线敷设不符合要求(每根扣3分)。 (8)漏接接地线(扣10分)	
通电试车	35	(1)热继电器未整定或整定错误(每只扣5分)。 (2)熔体规格选用不当(每只扣5分)。 (3)试车不成功(扣30分)	
安全文明生产		违反安全文明生产规程(扣10~70分)	
定额时间		训练时间为6 h。训练不允许超时,修复故障允许超时。训练每超时5 min(不足5 min以5 min计)扣5分	
备注		除定额时间外,各项内容的最高扣分不得超过配分数	成绩
开始时间		结束时间	实际时间

总结与评价

总结与评价的内容主要包括：
（1）总结本任务的主要知识点和技能，评价学生在任务实施过程中的表现。
（2）讨论实训操作中卧式车床电气控制电路安装与调试存在的问题与注意事项。
（3）填写表 4-3-3 所示的工作评价表相关内容。

表 4-3-3　工作评价表

项目	评价内容	考核指标	分值	自评	互评	师评
一、职业能力（70 分）						
任务实施过程	明确工作任务	清楚工作任务内容	2			
		制订工作计划详细、可行	2			
		分工明确、合理	2			
	工作准备	工具、材料和元器件清单正确	4			
		具备相关的专业知识	10			
		工艺文件（布局图和接线图）识读正确	10			
	任务执行过程	执行元件检测，检测方法与结果正确	2			
		工具、设备完好	2			
		安全作业、文明生产	2			
		创新能力和解决问题能力	4			
任务成果质量	电路工艺	电路安装规范、美观、质量好	10			
	电路功能	电路功能正确	20			
二、个人素养（30 分）						
遵守纪律	遵守课堂纪律	迟到扣 2 分、早退扣 2 分	5			
	遵守实训车间的规章制度	优秀、基本达标、不合格	5			
学习态度	认真完成学习任务	优秀、基本达标、不合格	5			
	工作精益求精、严谨求实	优秀、基本达标、不合格	5			
团队和创新精神	良好沟通、团队合作	优秀、基本达标、不合格	5			
	积极思考、敢于创新	优秀、基本达标、不合格	5			
总分			100			
					教师签名：	

> **分析与思考**

利用某专用机床加工一种箱体的两侧平面。加工方法是将箱体夹紧在可前后移动的滑台上,两侧平面用左右动力头铣削加工,加工要求主要包括:

(1)加工前滑台应快速移动到加工位置,然后改为慢速进给,快进速度为慢进速度的20倍。滑台速度的改变是通过齿轮变速机构和电磁铁来实现的,即电磁铁吸合时为滑台快速移动,电磁铁释放时滑台为慢速移动。

(2)滑台从快速移动到慢速移动应自动变换,铣削完毕要自动停车,然后由人工操作滑台快速退回原位后自动停车。

(3)具有短路、过载、欠电压及失电压保护。

本机床共有3台笼型异步电动机。滑台电动机 M1 的功率为 1.1 kW,可正反转;2 台动力头电动机 M2 和 M3 的功率为 4.5 kW,只需单向运转。

试设计该机床的电气控制电路。

附　录

附录1　机电设备管理与维护岗位职责

1. 机电设备运行管理人员必须不断学习，提高技术技能，拥有高度的责任心，必须持有相关的职业资格证书。

2. 机电设备运行期间，须确保其安全运行，随时巡查并做好相关记录，严格执行交接班制度。

3. 所有设备运行期间须24h有人值班并巡查，发现问题及时做出有效处理。遇到重大故障或紧急事件时须沉着冷静，及时通知相关人员并做应急处理。

4. 设备停止运行期间，须按时检查并试运行。所有设备须制订详细维修保养计划，定期维修保养并做好记录。

5. 所有设备的操作和检修须按说明书规定程序进行，不得随意更改或省略操作步骤。严禁在设备启动前不做检查。

6. 按说明书规定更换设备零部件、冷却液、润滑液等，严禁设备疲劳运行或带病运行。

7. 保持设备房内干净整洁，严禁无关人员进入设备房，设备设施专用工具或备件等须造册登记，摆放整齐并保管好。

8. 所有设备设施须设立岗位责任人，所有警示标牌须准确、齐备、到位。

附录 2　电工作业安全操作规程

一、电工作业潜在风险

在电工作业过程中，必须警惕触电、物体打击和高处坠落三大风险。常见风险发生原因包括但不限于：未经专业培训即上岗、检修作业前未采取必要的安全措施、不按规定穿戴劳动保护用品、高处作业不遵守安全规定等。

二、安全防护措施

为确保电工作业的安全，操作者需严格遵守以下措施：
（1）必须经过专业培训并取得相应证书后方可上岗。
（2）检修作业前务必采取必要的安全措施。
（3）按照规定穿戴绝缘鞋、安全帽等劳动保护用品。
（4）高处作业时必须戴安全帽、系好安全带，确保使用的梯台符合安全要求。
（5）严禁带电作业。
（6）在检修相关设备设施前，先了解周围环境。
（7）工作中必须使用规定的工具和设备。

三、电工安全操作规程

1. 一般规定

（1）电工作业人员须经专业培训并考试合格，持有《特种作业操作证》方可独立操作。非专业电工不得进行电气作业。
（2）电工作业人员在接受电气安装任务时，应认真领会并落实安全施工组织设计和安全技术措施交底的内容。施工用电线路架设须按施工图规定进行，并定期检查、校验。
（3）电工作业人员在作业时，必须穿绝缘鞋、戴绝缘手套，严禁酒后操作。
（4）所有绝缘、检测工具应妥善保管并定期检查，确保其正确可靠。
（5）电气设备的设置、安装、防护、使用、维修均应符合相关安全技术规范。
（6）在施工现场专用的中性点直接接地的电力系统中，必须采用 TN-S 接零保护。
（7）电气设备不带电的金属外壳、框架等，均应做保护接零。
（8）定期和不定期检测、维修临时用电工程，发现隐患及时消除，记录检测维修情况。
（9）工程竣工后，临时用电工程拆除应按顺序进行，不得留有隐患。

2. 设备安装规定

（1）安装开关设备时，应将其置于断开位置。
（2）搬运配电柜时，应有专人指挥，保持步调一致。

（3）露天使用的电气设备应具备良好的防雨性能。
（4）在剔槽、打洞时，应戴防护眼镜，并注意安全。

3. 内线安装规定

（1）安装照明线路时，不得在板条天棚上行走或堆放材料；如需行走，必须铺设脚手板。
（2）在脚手架上作业时，脚手板必须满铺并牢固。
（3）弯管时应遵循安全操作规程，防止管子弹出伤人。
（4）穿线时应配合协调，防止带线弹出。
（5）钢索吊管敷设时，应预防钢索将头部扎伤。
（6）使用机械工具时，应确保绝缘良好并接地，漏电保护装置应灵敏有效。

4. 电缆安装规定

（1）架设电缆轴的地面必须平实，使用专用支架。
（2）人力拉引电缆时，力量应均匀平稳，遵守安全规定。
（3）竖直敷设电缆时，应采取预防电缆失控下溜的安全措施。
（4）人工滚运电缆时，推轴人员不得站在电缆前方，并遵守相关规定。
（5）在变电室沟内进行电缆敷设时，确保电缆所进入的开关柜已停电，采用绝缘隔板等措施以确保安全。在操作开关柜时，请保持超过 1 m 的安全距离（对于 10 kV 以下的开关柜）。若敷设完电缆后剩余较长，务必进行捆扎固定或采取其他措施，以防止电缆与带电体接触。
（6）挖掘电缆沟时，请根据土质和深度情况按照规定进行放坡。在交通道路附近或繁华地区施工时，务必设置栏杆和标志牌，并在夜间设置红色标志灯，以确保安全。
（7）在隧道内敷设电缆时，临时照明电压不得超过 36 V。施工前确保地面清洁，积水已排净，以创造一个安全的工作环境。

5. 电气调试规定

（1）进行耐压试验时装置的金属外壳必须接地。若被调试设备或电缆两端不在同一地点，另一端应有人员专门看守或加锁，悬挂警示牌。确保仪表、接地检查无误后，人员方可撤离升压。
（2）在进行电气设备或材料的非冲击性试验时，缓慢进行升压或降压操作。因故暂停或试验结束后，务必先切断电源，安全放电，并将升压设备的高压侧短路接地。
（3）调试电力传动装置系统及高低压各型开关时，确保取下或锁上相关的开关手柄，悬挂标志牌，严禁合闸，以确保安全。
（4）使用兆欧表测定绝缘电阻时，请确保无人触及正在测定中的线路或设备。测量容性或感性设备材料后，务必进行放电操作。雷电天气下，禁止遥测线路的绝缘性能。
注意，电流互感器禁止开路，电压互感器禁止短路或以升压方式进行。在需要对放电的电器材料或设备进行施工时，请穿戴绝缘防护用品，使用绝缘棒进行安全放电。

6. 施工现场变配电及维修

（1）在现场变配电高压设备区域，无论设备是否带电，单人值班时严禁跨越遮拦和从事修理工作，以确保安全。
（2）在高压带电区域内进行部分停电工作时，人体与带电部分之间必须保持安全距离，并应有人员进行监护。

（3）在变配电室内外进行高压部分线路施工时，请按照规定的顺序进行操作：停电、验电、悬挂地线，确保操作手柄上锁或悬挂标示牌。

（4）验电时务必佩戴绝缘手套，按照电压等级使用相应的验电器，对设备或线路的各相分别进行验电。验明设备或线路不带电后，立即将检修设备或线路做短路接地。

（5）装设接地线时，由两人共同完成。先连接接地端，后连接导体端，拆除顺序相反。在拆接过程中，务必穿戴绝缘防护用品。设备或线路检修完毕后，必须进行全面检查，确认无误后方可拆除接地线。

（6）接地线应使用截面不小于 25 mm² 的多股软裸铜线和专用线夹。严禁使用缠绕的方式进行接地和短路。

（7）在使用绝缘棒拉、合高压开关时，务必佩戴绝缘手套。在雨天进行室外操作时，除穿戴绝缘防护用品外，绝缘棒还应有防雨罩，并应有人员进行监护。严禁带负荷进行拉、合开关。

（8）电气设备的金属外壳必须接地或接零。在同一供电系统中，不允许一部分设备采用接零保护，而另一部分设备采用接地保护。

（9）电气设备所用的熔断器的额定电流应与其负荷量相适应。严禁用其他金属线代替熔断器，以确保电路安全。

（10）施工现场照明安装应遵循相关规定执行，确保照明设施安全可靠。

7. 配电箱安全管理规定

（1）配电箱的门户应紧闭，其使用与管理应由持证电工负责，严禁非专业电工擅自操作。

（2）配电箱需明确标明名称、用途及编号，分路亦需标识清晰。

（3）每月对配电箱与开关箱进行一次详尽检查与维修，此任务须由专业电工承担。作业时必须穿戴绝缘鞋与手套，使用电工专用绝缘工具。

（4）在对配电箱和开关箱进行检查维修前，须将前一级电源断开，悬挂停电标志牌，严禁任何带电作业。

（5）配电箱与开关箱的操作顺序：

送电操作：总配电箱→分配电箱→开关箱。

停电操作：开关箱→分配电箱→总配电箱（如遇电气故障之紧急情形，可酌情处理）。

（6）当施工现场停止作业超过 1 h，应将动力开关箱断电并上锁，同时悬挂警示牌。

（7）配电箱与开关箱内严禁放置杂物，且须维持其整洁与良好的维修状态。

（8）箱内严禁挂接其他临时用电设备，亦不得随意剪裁或接驳电源线。

（9）配电箱与开关箱的进线与出线均不得受外力压迫，严禁挂晒衣物等生活用具，亦不得与金属锐物或强腐蚀物质接触。

附录3 低压电器的常见故障和维修方法

低压电器经过长期使用或使用不当，均会造成损坏，必须及时进行维修，以保证电力拖动或自动控制系统良好、可靠地工作。为此，必须掌握常用低压电器的常见故障分析与处理方法。低压电器品种较多，常见故障包括整体故障和零部件故障。接触器、热继电器和低压断路器常见故障的现象、原因和处理方法见附表1~附表3。

电磁式控制继电器常见故障与处理方法可参考附表1。

附表1 接触器常见故障与处理方法

故障现象	造成原因	处理方法
吸不上或吸力不足（触点已闭合而铁心尚未完全闭合）	（1）电源电压过低。 （2）操作回路电源容量不足或断线，配线错误及控制触点接触不良。 （3）线圈参数与使用技术条件不符。 （4）接触器受损，如线圈断线或烧坏、机械可动部分被卡住、转轴生锈或歪斜等。 （5）触点弹簧压力与超程过大	（1）调整电源电压至额定值。 （2）增加电源容量，更换电路，修理控制触点。 （3）更换线圈。 （4）更换线圈，排除卡住故障，修理受损零件。 （5）按要求调整触点参数
触点不释放或释放缓慢	（1）触点弹簧压力过小。 （2）触点熔焊。 （3）机械可动部分被卡住，转轴生锈或歪斜。 （4）弹簧损坏，铁心极面有油污或尘埃沾着。 （5）E形铁心当寿命终了时，因去磁气隙消失，剩磁增大，使铁心不释放	（1）调整触点弹簧压力。 （2）排除熔焊故障，修理或更换触点。 （3）排除卡住现象，修理受损零件。 （4）更换弹簧，清理铁心极面。 （5）更换铁心
电磁噪声大	（1）电源电压过低。 （2）触点弹簧压力过大。 （3）电磁系统歪斜或机械上卡住，使铁心不能吸平。 （4）极面生锈或油垢、尘埃等异物侵入铁心极面。 （5）短路环断裂。 （6）铁心磨损过度而不平	（1）调整电源电压至额定值。 （2）调整触点弹簧压力。 （3）排除歪斜或卡住现象。 （4）清理铁心极面。 （5）更换短路环。 （6）更换铁心
线圈过热或烧毁	（1）电源电压过高或过低。 （2）线圈参数与实际使用条件不符。 （3）交流操作频率过高。 （4）线圈制造缺陷或机械损伤、绝缘损坏。 （5）运动部分卡阻。 （6）交流铁心极面不平或中间气隙过大。	（1）调整电源电压。 （2）调换线圈或接触器。 （3）调换合适的接触器。 （4）更换线圈，排除引起机械损伤、绝缘损坏的故障。 （5）排除卡、阻现象。 （6）清理铁心极面或更换铁心。

续表

故障现象	造成原因	处理方法
线圈过热或烧毁	（7）交流接触器派生支流操作的双线圈，因动断（常闭）联锁触点熔焊不释放，而使线圈过热。 （8）使用环境条件特殊，如空气潮湿、含有腐蚀性气体或环境温度过高	（7）调整联锁触点参数及更换烧毁线圈。 （8）采用特殊设计的线圈
触点熔焊	（1）操作频率过高成过载使用。 （2）负载有短路。 （3）触点弹簧压力过小。 （4）触点表面有金属颗粒凸起成异物。 （5）操作回路电压过低或机械上卡阻，致使吸合过程中有停滞现象，触点停顿在刚接触的位置上	（1）调换合适的接触器。 （2）排除短路故障，更换触点。 （3）调整触点弹簧压力。 （4）清理触点表面。 （5）调整操作回路电压至额定值，排除机械卡阻故障，使接触器吸合可靠
触点过热或灼伤	（1）触点弹簧压力过小。 （2）触点的超程太小。 （3）触点上有油污，呈表面高低不平、有金属颗粒凸起。 （4）操作频率过高或工作电流过大，触点的断开容量不够。 （5）触点处于长期工作、过高环境温度中或使用在密闭的控制箱中	（1）调整触点弹簧压力。 （2）调整触点超程或更换触点。 （3）清理触点表面。 （4）调换容量较大的接触器。 （5）降容使用接触器
触点过度磨损	（1）接触器选择不当，在以下场合时容量不足：反接制动；操作频率过高。 （2）三相触点动作不同步。 （3）负载侧短路	（1）降容使用接触器或改用适于繁重任务的接触器。 （2）调整至同步。 （3）排除短路故障，更换触点
相间短路	（1）尘埃堆积或粘有水汽、油垢，使绝缘变坏。 （2）接触器零部件损坏（如灭弧室碎裂）。 （3）可逆转换的接触器联锁不可靠，由于误操作，致使两台接触器同时投入运行而造成相间短路；或因接触器动作过快、转换时间短，在转换过程中发生电弧短路	（1）经常清理，保持清洁。 （2）更换损坏元件。 （3）检查电气联锁与机械联锁；在控制电路中加中间环节或调换动作时间长的接触器，延长可逆转换时间

附表2　热继电器常见故障与处理方法

故障现象	造成原因	处理方法
热继电器误动作	（1）整定值偏小。 （2）电动机起动时间过长。 （3）反复短时工作，操作次数过多。 （4）强烈的冲击振动。 （5）连接导线太细	（1）合理调整整定值，如继电器额定电流或热元件型号不符要求应予更换。 （2）从电路上采取措施，起动过程中使热继电器短接。 （3）调换合适的热继电器。 （4）选用带防冲装置的专用热继电器。 （5）调换合适的连接导线

续表

故障现象	造成原因	处理方法
热继电器无动作	（1）整定值偏大。 （2）触点接触不良。 （3）热元件烧断或脱掉。 （4）运动部分卡阻。 （5）导板脱出。 （6）连接导线太粗	（1）合理调整整定值，如热继电器额定电流成热元件号不符合要求应予以更换。 （2）清理触点表面。 （3）更换热元件或补焊。 （4）排除卡阻现象，但用户不得随意调整，以免造成动作特性变化。 （5）重新放入，推动几次看其动作是否灵活。 （6）调换合适的连接导线
热元件烧断	（1）负载侧短路，电流过大。 （2）反复短时工作，操作次数过多。 （3）机械故障，在起动过程中热继电器不能动作	（1）检查电路，排除短路故障及更换热元件。 （2）调换合适的热继电器。 （3）排除机械故障及更换热元件

附表3　低压断路器常见故障与处理方法

故障现象	造成原因	处理方法
手动操纵断路器，触点不能闭合	（1）失电压脱扣器无电压或线圈烧坏。 （2）储能弹簧变形，导致闭合力减小。 （3）反作用弹簧力过大。 （4）机构不能复位再扣	（1）加载电压或更换线圈。 （2）更换储能弹簧。 （3）重新调整。 （4）调整脱扣器至规定值
电动操纵断路器，触点不能闭合	（1）电源电压不符或容量不够。 （2）电磁铁拉杆行程不够。 （3）电动机操作定位开关失灵。 （4）控制器中整流管或电容器损坏	（1）更换电源。 （2）重新调整或更换拉杆。 （3）重新调整。 （4）更换整流管或电容器
触点闭合后断相	（1）断路器一相连杆断裂。 （2）限流断路器拆开机构的可拆连杆之间的角度变大。 （3）锁扣杆不到位	（1）更换连杆。 （2）调整角度至原技术条件规定值。 （3）调整连杆在方轴部位的锁扣杆角度
分励脱扣器不能使断路器分断	（1）线圈短路。 （2）电压电源过低。 （3）脱扣器整定值太大	（1）更换线圈。 （2）调整电源电压至额定值。 （3）重新调整脱扣值或更换断路器
欠电压脱扣器不能使断路器分断	（1）弹簧力变小。 （2）若储能释放，则储能弹簧力变小。 （3）机构卡死	（1）调整弹簧。 （2）调整储能弹簧。 （3）消除卡死原因
起动电动机时，断路器立即分断	（1）过电流脱扣器瞬时整定电流太小。 （2）空气式脱扣器阀门失灵或橡胶膜破裂	（1）调整过电流脱扣器瞬时整定电流。 （2）修复阀门或更换橡胶膜

续表

故障现象	造成原因	处理方法
断路器工作一段时间分断	(1) 电流脱扣器长延时整定值不符。 (2) 热元件或半导体延时电路元件损坏	(1) 重新调整。 (2) 更换热元件或延时电路元件
欠电压脱扣器噪声大	(1) 弹簧力太大。 (2) 核心工作面有污物。 (3) 短路环断裂。 (4) 连接导线紧固螺钉松动	(1) 调整弹簧。 (2) 清除污物。 (3) 更换衔铁或铁心。 (4) 更换断路器紧固螺钉
辅助触点不通	(1) 辅助开关动触桥卡死或脱落。 (2) 辅助开关传动杆断裂或滚轮脱落	(1) 重新调整，装配。 (2) 更换传动杆或滚轮，或更换整只辅助开关
半导体过电流脱扣器误动作使断路器断开	(1) 半导体自身故障。 (2) 周围强磁场引起半导体脱扣器误触发	(1) 按脱扣器电路原理检查故障，并予以修复。 (2) 检查脱扣器误触发原因，并采取相应的屏蔽措施改进电路

附录 4　常用电气符号

附表 4　常用电气符号

名　称	图形符号	文字符号	名　称	图形符号	文字符号
交流发电机	Ⓖ~	GA	接地一般符号	⏚	E
交流电动机	Ⓜ~	MA	保护接地	⏚	PE
三相笼型异步电动机	Ⓜ 3~	MC	接机壳或接地板	⏛ 或 ⏚	E
三相绕组型异步电动机	Ⓜ 3~	MW	单极控制开关	╱	SA
直流发电机	Ⓖ	GD	三极控制开关	╱╱╱	SA
直流电动机	Ⓜ	MD	隔离开关	╱	QS
直流伺服电动机	ⓈⓂ	SM	三极隔离开关	╱╱╱	QS
交流伺服电动机	ⓈⓂ~	SM	负荷开关	╱	QS
直流测速发电机	ⓉⒼ	TG	三极负荷开关	╱╱╱	QS
交流测速发电机	ⓉⒼ~	TG	断路器	╳	QF
步进电动机	ⓉⒼ	M	三极断路器	╳╳╳	QF

续表

名　称	图形符号	文字符号	名　称	图形符号	文字符号
双绕组变压器	〇〇 或 〜〜	T	电压互感器	〇〇 或 〜〜	TV
位置开关常开触点		SQ	欠压继电器线圈	U<	KV
位置开关常闭触点		SQ	通电延时（缓吸）线圈		KT
作双向机械操作的位置开关		SQ	断电延时（缓放）线圈		KT
常开按钮		SB	延时闭合常开触点	或	KT
常闭按钮		SB	延时断开常开触点	或	KT
复合按钮		SB	延时闭合常闭触点	或	KT
交流接触器线圈		KM	延时断开常闭触点	或	KT
接触器常开触点		KM	热继电器热元件		FR
接触器常闭触点		KM	热继电器常闭触点		FR
中间继电器线圈		KA	熔断器		FU
中间继电器常开触点		KA	电磁铁		YA

续表

名　称	图形符号	文字符号	名　称	图形符号	文字符号
中间继电器常闭触点		KA	电磁制动器		YB
过流继电器线圈		KA	电磁离合器		YC
电流表		PA	照明灯		EL
			信号灯		HL
电压表		PV	二极管		V
电度表		PJ	NPN 晶体管		V
晶闸管		V	PNP 晶体管		V
可拆卸端子		X	端子		X
电流互感器		TA	控制电路用电源整流器		VC
电阻器		R	电抗器		L
电位器		RP			
压敏电阻		RV			
电容器一般符号		C	极性电容器		C
电铃		B	蜂鸣器		B

附录5 试题

试题一：接触式控制线路的安装与调试

考件编号　　　　　　　　　　姓名　　　　　　　　　　考号

附表5　初级维修电工试题一技能考核评分记录表

序号	内容	考核要求	评分标准	配分	扣分	得分
1	元件安装	（1）元件的质量检查。 （2）正确利用工具和仪表，熟练地安装电气元器件。 （3）元件在配电板上布置要合理，安装要准确、紧固。 （4）按钮盒不固定在板上	（1）因元件质量问题影响通电成功，每次扣2分。 （2）元件布置不整齐、不匀称、不合理，每只扣1分。 （3）元件安装不牢固、安装元件时漏装螺钉，每只扣0.5分。 （4）损坏元件，每只扣2分	10		
2	线路敷设	（1）按图安装接线。 （2）线路敷设整齐、横平竖直、不交叉、不跨接。 （3）导线压接紧固、规范、不伤线芯	（1）未按电气原理图接线，扣5分。 （2）主电路和控制电线色不分，扣2分。 （3）线路敷设交叉、跨接，每处扣1分。 （4）线路敷设不整齐，不美观，扣5分。 （5）接点松动、漏铜过长、压绝缘层、反圈等，每个接点扣0.5分。 （6）损伤导线绝缘或线芯，每根扣0.5分	20		
3	通电试车	（1）正确整定热继电器整定值和时间整定值。 （2）正确选配熔体。 （3）通电一次成功。 4. 安全文明操作	（1）热继电器和时间继电器未整定或整定错误，扣2分。 （2）错配熔体，扣1分。 （3）一次通电不成功扣15分；两次通电不成功，扣20分	30		
4	安全文明生产	（1）劳保用品穿戴整齐。 （2）电工工具佩戴齐全。 （3）遵守操作规程。 （4）尊重考评员，讲文明礼貌。 （5）考场结束要清理现场	（1）各项考试中，违反安全文明生产考核要求的任何一项扣2分，扣完为止。 （2）考生在不同的技能试题中，违反安全文明生产考核要求同一项内容的，要累计扣分。当考评员发现考生行为有重大事故隐患时，要立即予以制止，并每次扣考生安全文明生产总分5分			
备注			合计	60分		
			考评员签字：		年　月　日	

评分人		核分人	
	年　月　日		年　月　日

注：本项目的考核时间为180 min。本项目的满分60分，每项扣分不得超过该项配分。

试题二：X62W 万能铣床故障检修

考件编号　　　　　　　　　姓名　　　　　　　　　考号

附表 6　中级维修电工试题二技能考核评分记录表

序号	内容	考核要求	评分标准	配分	扣分	得分
1	调查研究	对每个故障现象进行调查研究	排除故障线不进行调查研究，扣 2 分	2		
2	故障分析	在电气控制线路图上分析故障原因，思路正确	错标或标不出故障范围，每个故障点扣 2 分	4		
			不能标出最小的故障范围，每个故障点扣 2 分	4		
3	故障排除	正确使用工具和仪表，找出故障点并排除故障	实际排除故障中思路不清楚，每个故障点扣 3 分	6		
			每少查出一处故障点扣 3 分	6		
			每少排除一处故障点扣 5 分	10		
			排除故障方法不正确，每处扣 4 分	8		
4	其他	操作有误，要从此项总分中扣分	（1）排除故障时，产生新的故障后不能自行修复，每个扣 10 分；已经修复，每个扣 5 分。 （2）损坏电动机，扣 10 分			
备注			合计	40 分		
			考评员签字：		年　月　日	

评分人		核分人	
	年　月　日		年　月　日

注：（1）本项目的考核时间为 15 min。
　　（2）现场应有 2 名考评员，其中 1 人任现场监护。
　　（3）本项目的满分 40 分，每项扣分不得超过该项配分。

附录6 试卷

试卷 A

考件编号：_____ 姓名：_____ 考号：_____

一、电气控制电路图

Y-△降压起动电气控制电路图如附图1所示。

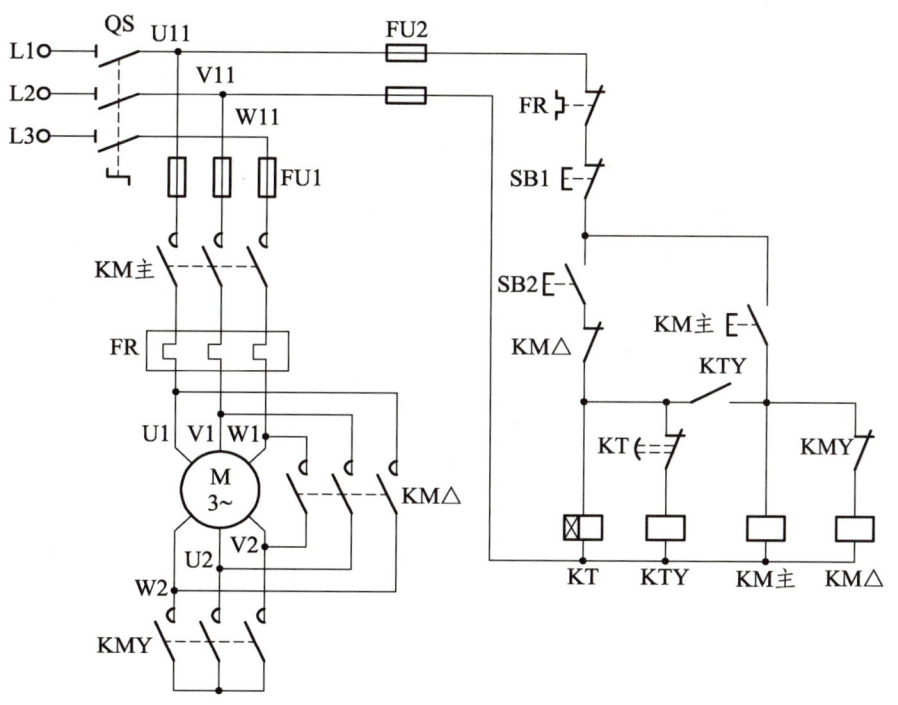

附图1 Y-△降压起动电气控制电路图

二、BOM 表

附图1所示的 Y-△降压起动电气控制电路图的 BOM（物料清单）表如附表7所示。

附表7 BOM 表

序号	名称	规格与型号	单位	数量	备注
1	三相四线电源	3×380 V/220 V、20 A	处	1	
2	三相电动机	Y112M-4、4 kW、380 V、△接法	台	1	
3	配线板	500 mm×600 mm	块	1	

续表

序号	名称	规格与型号	单位	数量	备注
4	组合开关	HZ10-25/3	个	1	
5	交流接触器	CJ10-10,线圈电压 380 V	只	3	
6	热继电器	JR16-20/3 整定电流 8.8 A	只	1	
7	时间继电器	JS7-4 A,线圈电压 380 V	只	1	
8	熔断器及熔芯	RL1-15/15	只	3	
		RL1-15/4	只	2	
9	三联按钮	LA4-3H	个	1	
10	接线端子排	JX2-1015、500 V、10 A、15 节	条	1	
11	自攻丝螺钉	$\Phi3\times20$ mm;$\Phi3\times15$ mm	个	40	
12	绝缘导线	BLV2.5 mm、颜色自定	米	25	
		BVR-0.75 mm、颜色自定	米	3	

三、考核要求

Y-△降压起动电气控制电路的安装、调试的考核要求主要包括:

(1)本项目的满分为 60 分。
(2)本项目的考核时间为 180 min。
(3)采用板前明布线的方法进行安装。

试卷 B

考件编号：_____ 姓名：_____ 考号：_____

一、电气控制电路图

双重联锁正反转电气控制电路图如附图 2 所示。

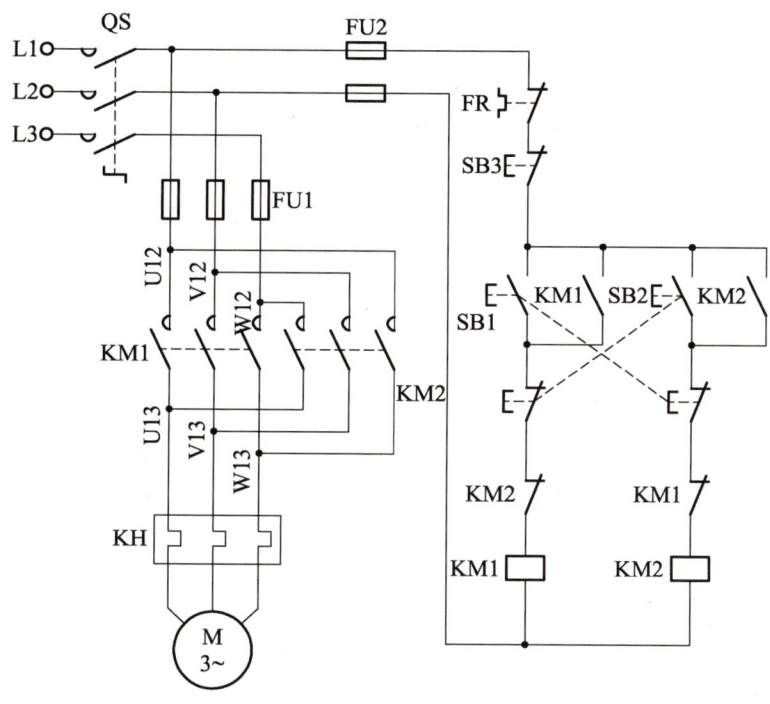

附图 2　双重联锁正反转电气控制电路图

二、BOM 表

附图 2 所示的双重联锁正反转电气控制电路图的 BOM 表如附表 8 所示。

附表 8　BOM 表

序号	名称	规格与型号	单位	数量	备注
1	三相四线电源	3×380 V/220 V、20 A	处	1	
2	三相电动机	Y112M-4、4 kW、380 V、△接法	台	1	
3	配线板	500 mm×600 mm×20 mm	块	1	
4	组合开关	HZ10-25/3	个	1	
5	交流接触器	CJ10-10，线圈电压 380 V	只	2	
6	热继电器	JR16-20/3，整定电流 8.8 A	只	1	
7	熔断器及熔芯	RL1-15/15	只	3	
		RL1-15/4	只	2	

续表

序号	名称	规格与型号	单位	数量	备注
8	三联按钮	LA4-3H	个	1	
9	接线端子排	JX2-1015、500 V、10 A、15 节	条	1	
10	自攻丝螺钉	$\Phi 3\times 20$ mm；$\Phi 3\times 15$ mm	个	40	
11	绝缘导线	BLV2.5 mm，颜色自定	米	25	
		BVR-0.75 mm，颜色自定	米	3	

三、考核要求

双重联锁正反转电气控制电路的安装、调试的考核要求主要包括：

（1）本项目的满分为 60 分。

（2）本项目的考核时间为 180 min。

（3）采用板前明布线的方法进行安装。

试卷 C

考件编号：_____   姓名：_____   考号：_____

一、电气控制电路图

工作台自动往返电气控制电路图如附图 3 所示。

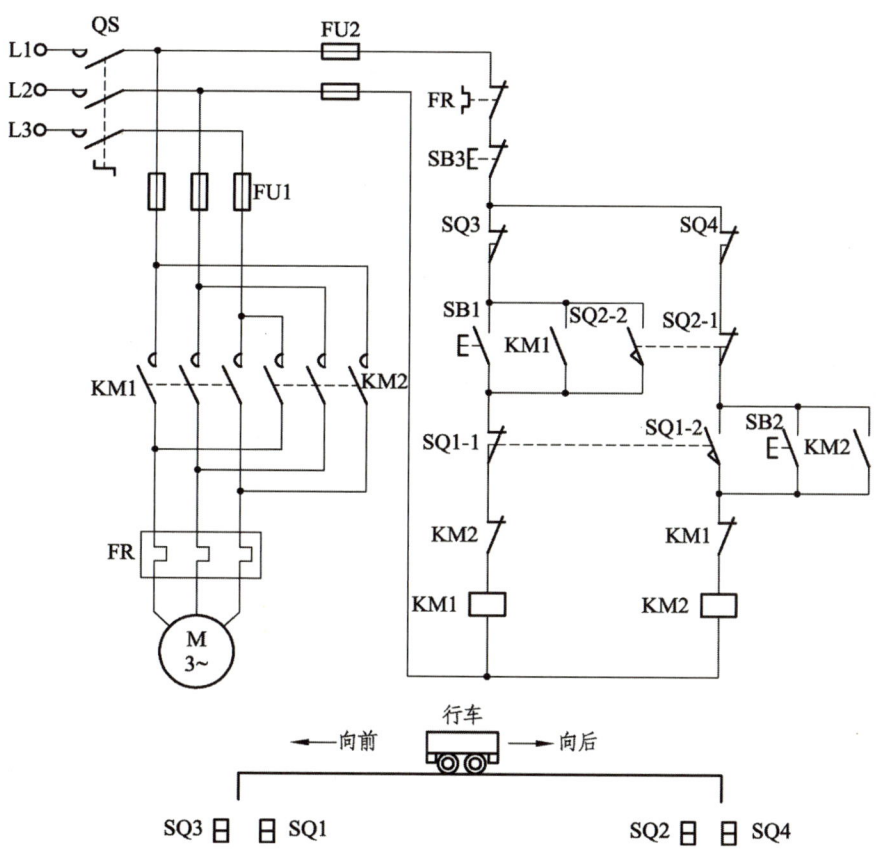

附图 3　工作台自动往返电气控制电路图

二、BOM 表

附图 3 所示的工作台自动往返电气控制电路图的 BOM 表如附表 9 所示。

附表 9　BOM 表

序号	名称	规格与型号	单位	数量	备注
1	三相四线电源	3×380 V/220 V、20 A	处	1	
2	三相电动机	Y112M-4、4 kW、380 V、△接法	台	1	
3	配线板	500 mm×600 mm×20 mm	块	1	
4	组合开关	HZ10-25/3	个	1	
5	交流接触器	CJ10-10，线圈电压 380 V	只	3	

续表

序号	名称	规格与型号	单位	数量	备注
6	热继电器	JR16-20/3 整定电流 8.8 A	只	1	
7	行程开关	JLXK1-311，或自定	只	4	
8	熔断器及熔芯	RL1-15/15	只	3	
		RL1-15/4	只	2	
9	三联按钮	LA4-3H	个	1	
10	接线端子排	JX2-1015、500 V、10 A、15 节	条	1	
11	自攻丝螺钉	$\Phi 3 \times 20$ mm；$\Phi 3 \times 15$	个	40	
12	绝缘导线	BLV2.5 mm，颜色自定	米	25	
		BVR-0.75 mm，颜色自定	米	3	

三、考核要求

工作台自动往返电气控制电路的安装、调试的考核要求主要包括：

（1）本项目的满分为 60 分。

（2）本项目的考核时间为 180 min。

（3）采用板前明布线的方法进行安装。

试卷 D

考件编号：_____ 姓名：_____ 考号：_____

一、电气控制电路图

时间继电器双速电动机电气控制电路图如附图 4 所示。

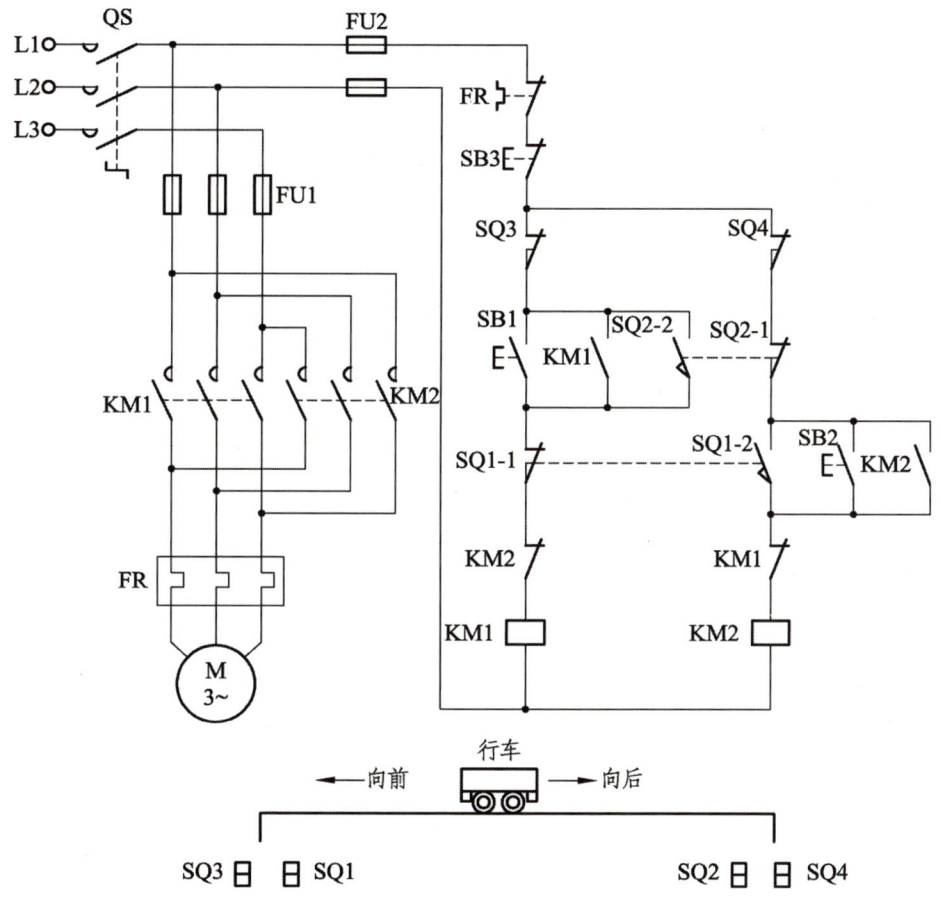

附图 4　时间继电器双速电动机电气控制电路图

二、BOM 表

附图 4 所示的时间继电器双速电动机电气控制电路图的 BOM 表如附表 10 所示。

附表 10　BOM 表

序号	名称	规格与型号	单位	数量	备注
1	三相四线电源	3×380 V/220 V，20 A	处	1	
2	三相电动机	YD112M-4/2、3.3 kW/4 kW、380 V、7.4A/8.6 A、△/YY 接法、1 440 r/min 或 2 890 r/min	台	1	
3	配线板	500 mm×600 mm×20 mm	块	1	

续表

序号	名称	规格与型号	单位	数量	备注
4	组合开关	HZ10-25/3	个	1	
5	交流接触器	CJ10-10，线圈电压 380 V	只	3	
6	热继电器	JR16-20/3，整定电流 8.8 A	只	1	
7	时间继电器	JS7-4 A，线圈电压 380 V	只	1	
8	熔断器及熔芯	RL1-15/15	只	3	
8	熔断器及熔芯	RL1-15/4	只	2	
9	三联按钮	LA4-3H	个	1	
10	接线端子排	JX2-1015、500 V、10 A、15 节	条	1	
11	自攻丝螺钉	$\Phi 3\times 20$ mm；$\Phi 3\times 15$ mm	个	40	
12	绝缘导线	BLV2.5 mm、颜色自定	米	25	
12	绝缘导线	BVR-0.75 mm、颜色自定	米	3	

三、考核要求

时间继电器双速电动机电气控制电路的安装、调试的考核要求主要包括：

（1）本项目的满分为 60 分。

（2）本项目的考核时间为 180 min。

（3）采用板前明布线的方法进行安装。

附录7 一套成熟的设计文件

一、项目设计文件汇总表（见附表11）

附表11 项目设计文件汇总表

序号 No	图纸名称 Dwg. Name	图纸编号 Dwg. No	张数 Page	幅面 Size	备注 Remark
1	图纸目录	B00-ML-001	1	A4	
2	设计说明	B00-SM-001	1	A4	
3	电路图	B00-YL-001	8	A4	
4	控制柜内端子接线图	B00-JX-003	1	A4	
5					
6					
7					
8					
9					
10					
11					
12					
13					
14					
15					
16					
17					
18					
19					
20					

二、项目设计说明（见附图 5）

设计说明

一、工程概况

本系统为工矿企业回转窑配套的电控柜。由 1 台鼓风机、4 台传动电机、7 台进出料控制及振动电机等驱动设备组成，其中喂煤机采用变频控制。电控部分标准配置为：1 个电控柜，适用于额定电压 380 V/50 Hz 电源系统。

二、设计依据

1. 国家和行业的有关设计规范、安装施工和验收规范。
2. 双方签订的合同及技术协议。
3. 本工程相关专业提供的设计条件和资料。
4. 设备及电器制造厂提供的产品资料。

三、设备参数

鼓风机：1 台　　　　　　AC 380 V/55 kW
煤破碎机：1 台　　　　　AC 380 V/7.5 kW
传动电机：4 台　　　　　AC 380 V/7.5 kW
破煤震动电机：1 台　　　AC 380 V/3 kW
煤提升机：1 台　　　　　AC 380 V /3 kW
进料震动电机：1 台　　　AC 380 V/3 kW
进料电机：1 台　　　　　AC 380 V/11 kW
出料电机：1 台　　　　　AC 380 V/11 kW
圆盘喂煤机：1 台　　　　AC 380 V /2.2 kW

四、系统功能

其中鼓风机采用星形-三角形起动；圆盘喂煤电机采用变频传动，选用 CFC610 系列变频器，实现煤车无级调速和节能运行。

控制系统采用 ST-200 型 PLC，该系列 PLC 广泛应用于工业环境中的各种自动化工程中，易于实现分布式的配置和后期扩展。

设备的操作分就地、程控两种模式，主要包括：

（1）就地模式：适用于在控制柜上用按钮直接起动、停止各个转动设备，从而实现对设备的控制。

（2）程控模式：由触摸屏操作，通过 PLC 控制实现对设备的起停等控制。

附图 5　项目设计说明文档

三、项目主电路设计图（见附图 6~附图 8）

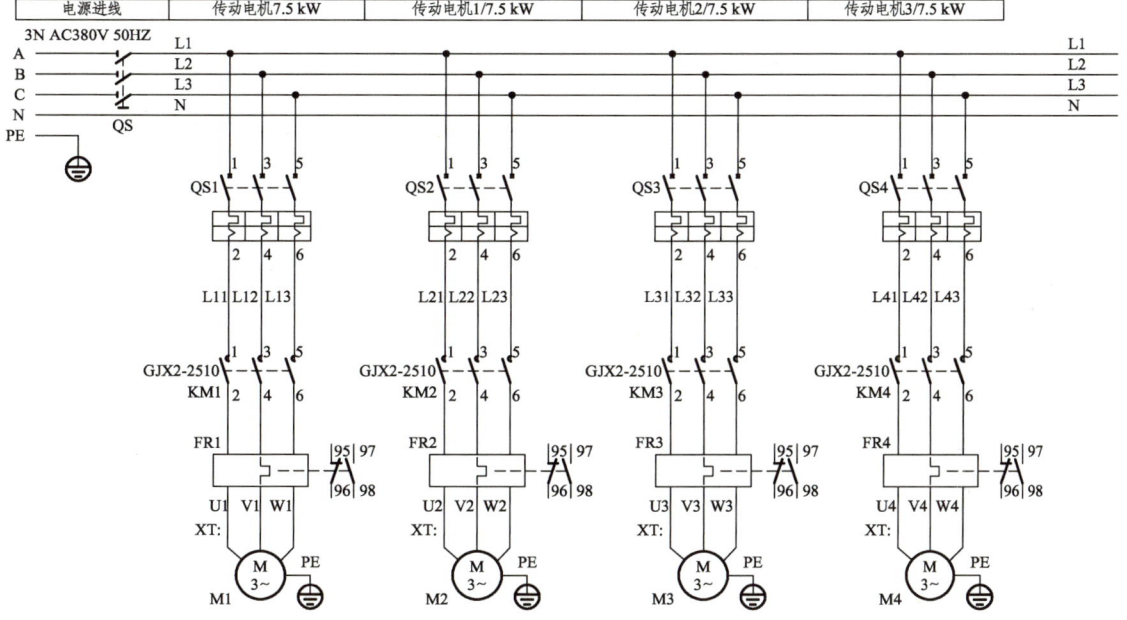

附图 6　项目主电路设计图 1

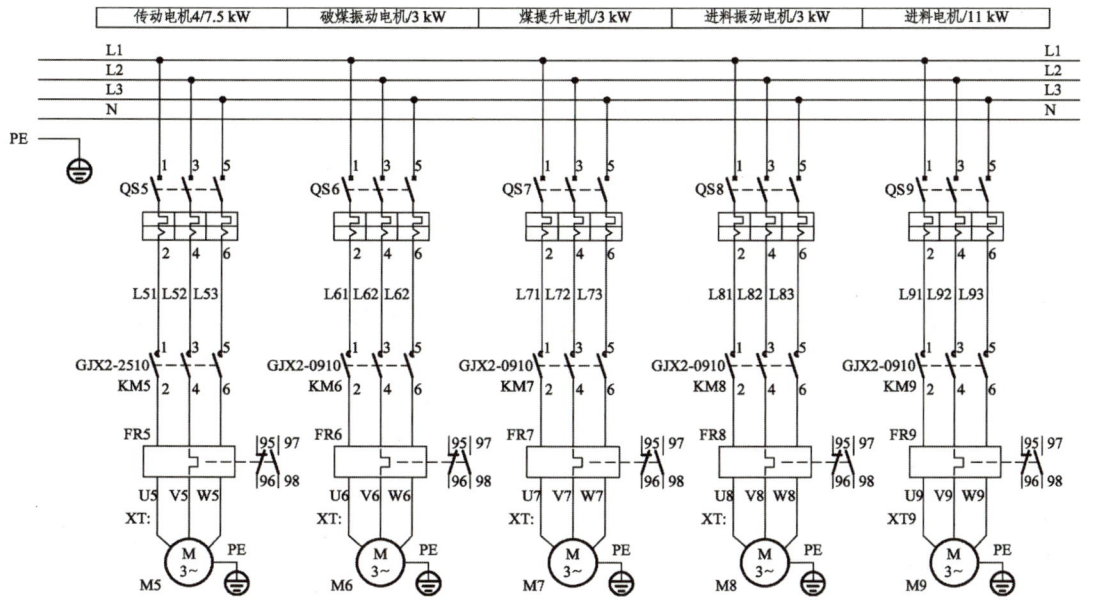

附图 7　项目主电路设计图 2

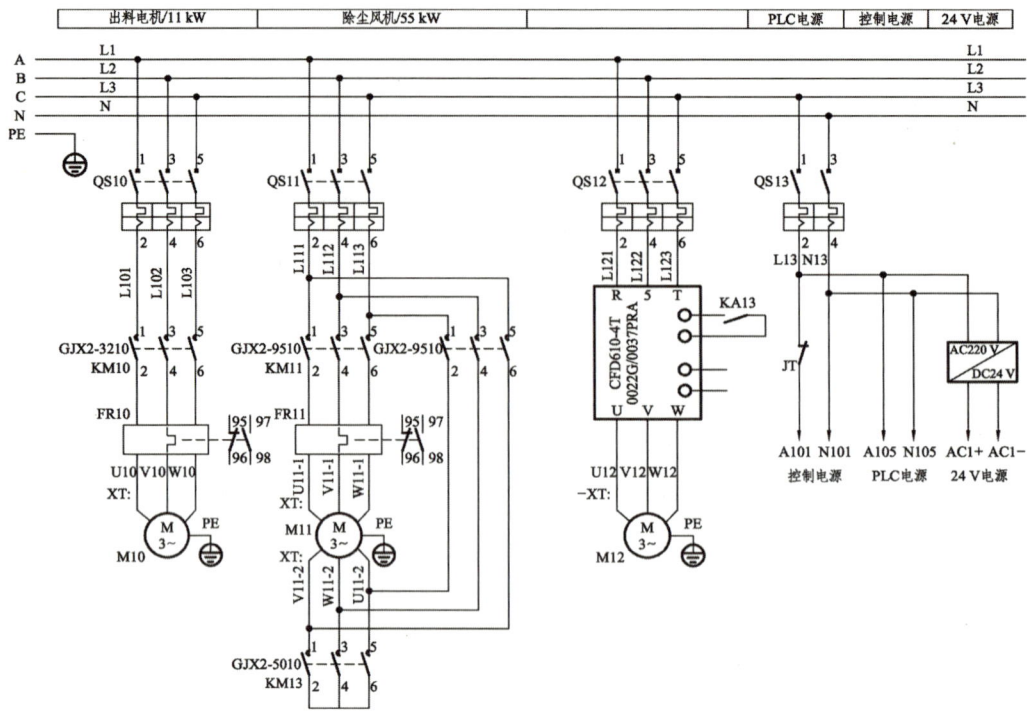

附图 8　项目主电路设计图 3

四、项目控制电路设计图（见附图 9、附图 10）

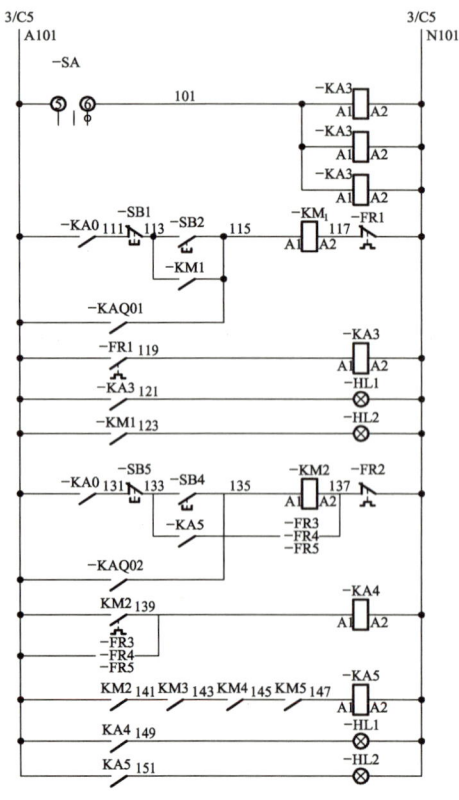
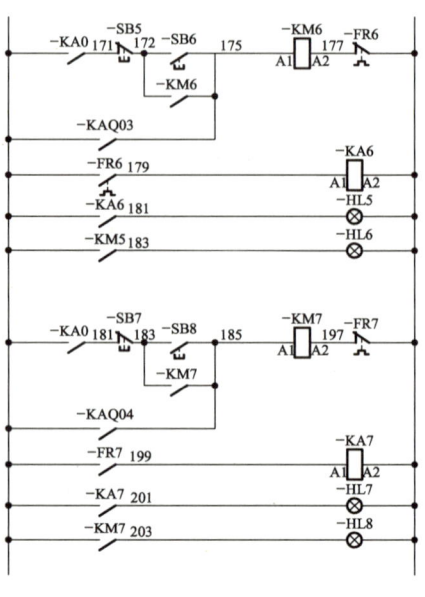

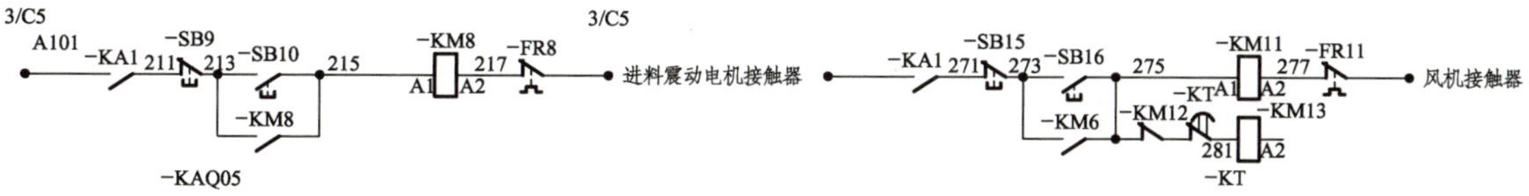

附图 9　项目控制电路设计图 1

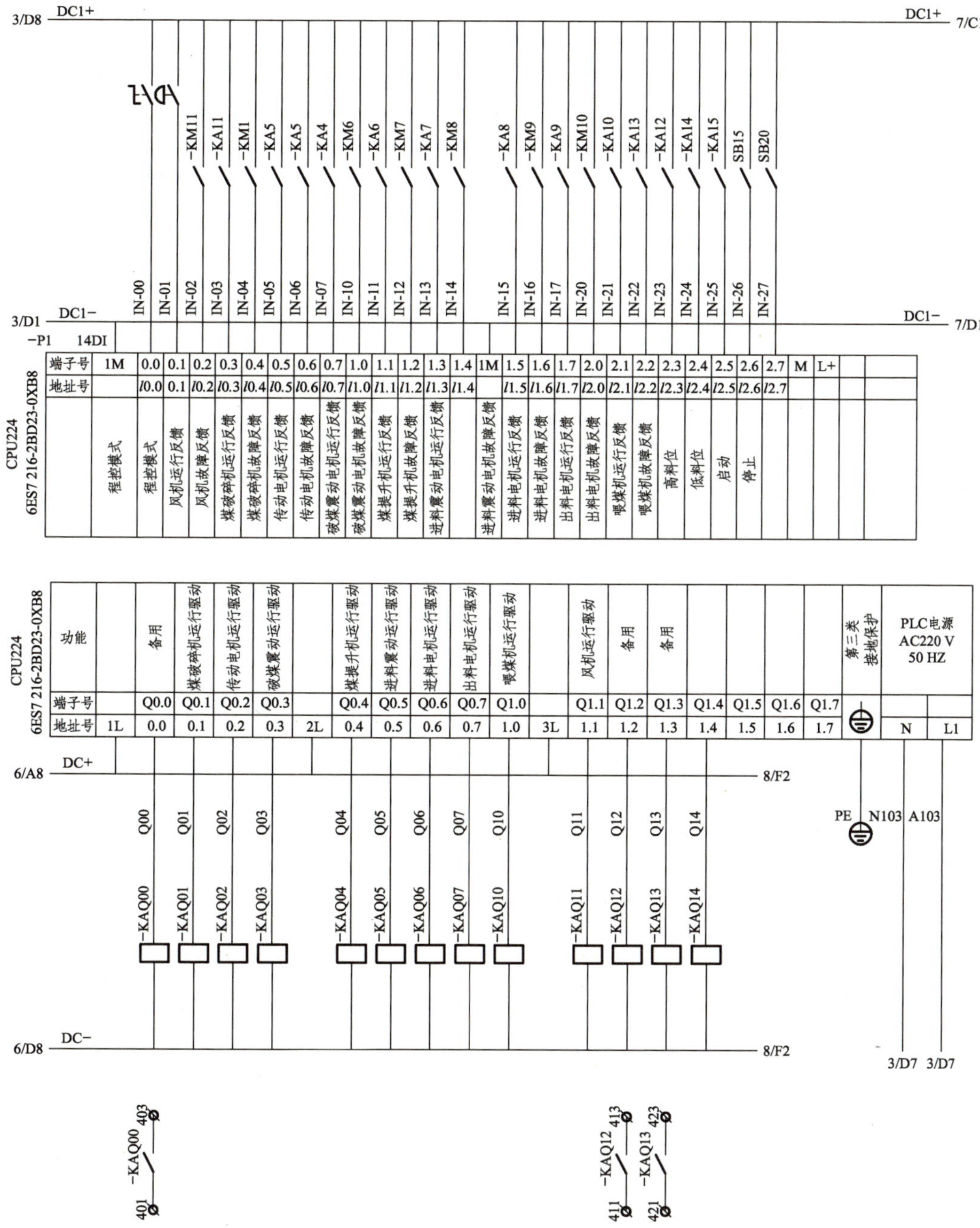

附图 10　项目控制电路设计图 2

五、项目接线设计图（见附图11、附图12）

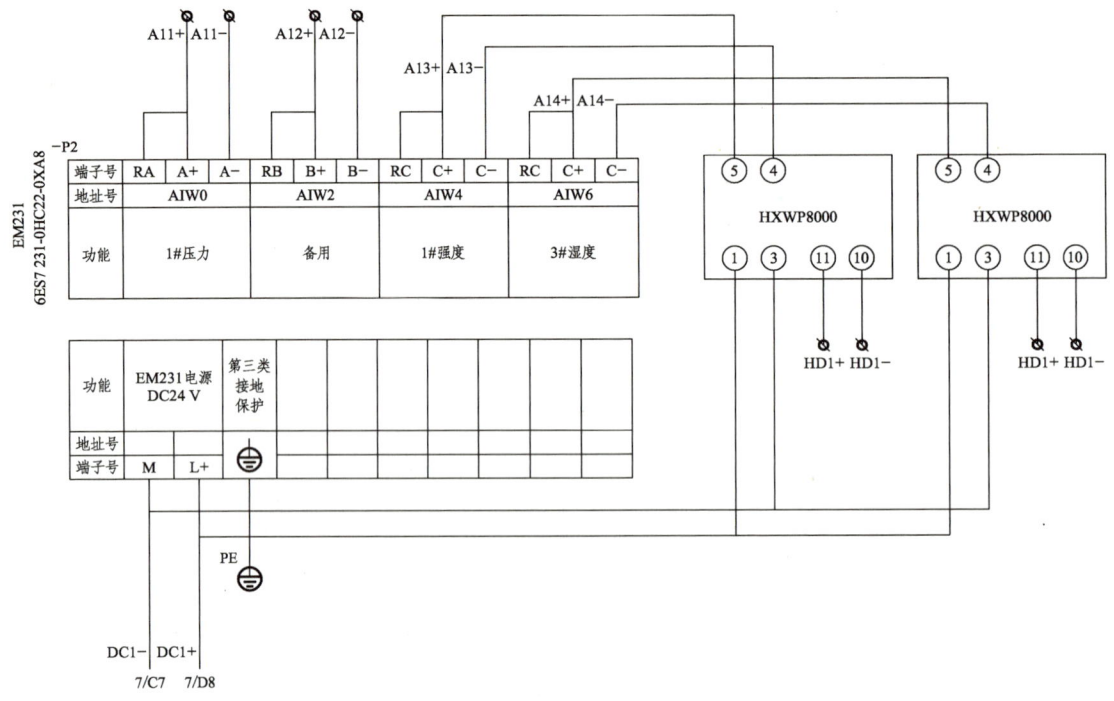

附图11　项目接线设计图1

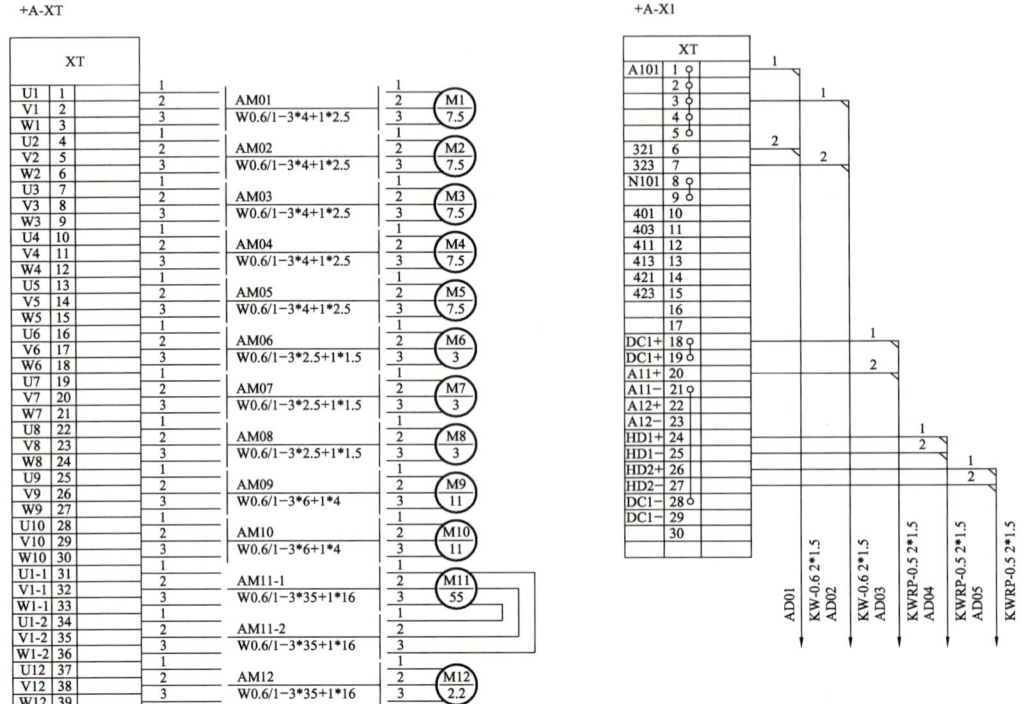

附图12　项目接线设计图2

附录 8　X62W 型万能铣床电路图

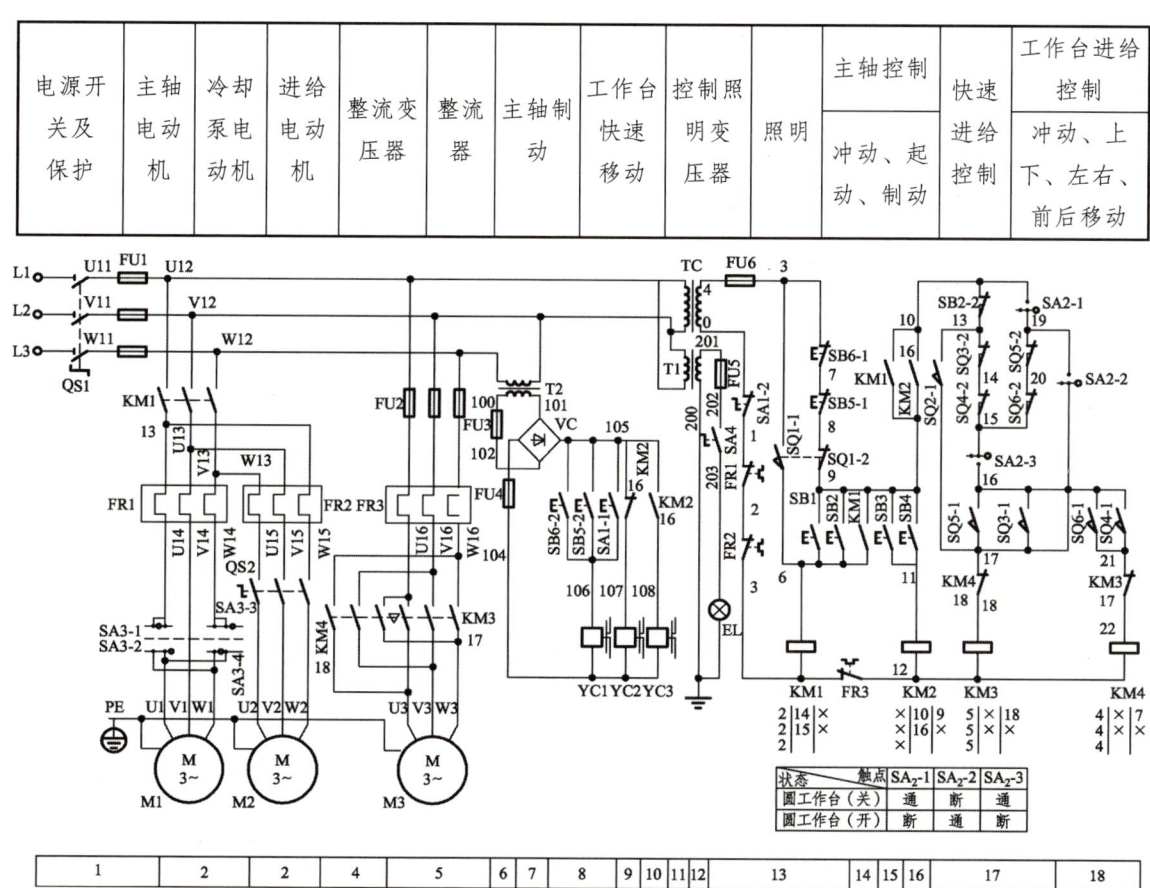

附图 13　X62W 型万能铣床电路图

参考文献

[1] 赵红顺. 电气控制技术实训[M]. 2版. 北京：机械工业出版社，2019.

[2] 张君霞，戴明宏. 电气控制与PLC（S7-200）[M]. 2版. 北京：机械工业出版社，2021.

[3] 李敬梅. 电力拖动控制线路与技能训练[M]. 5版. 北京：中国劳动社会保障出版社，2014.

[4] 修胜全，王旭亮. 电机与电气控制技术[M]. 北京：清华大学出版社，2017.

[5] 冯泽虎. 电机与电气控制技术[M]. 2版. 北京：高等教育出版社，2018.

[6] 中国标准出版社. 中国国家标准汇编 2018年 修订-9[M]. 北京：中国标准出版社，2020.

[7] 王厚余. 低压电气装置的设计安装和检验 [M]. 第3版. 北京：中国电力出版社，2019.

[8] 中华人民共和国国家质量监督检验检疫总局，中国国家标准化管理委员会. 电工术语 低压电器：GB/T 2900.18—2008 [S]. 北京：中国标准出版社，2008.

[9] 中华人民共和国国家质量监督检验检疫总局，中国国家标准化管理委员会. 电工术语 高压开关设备和控制设备：GB/T 2900.20—2016[S]. 北京：中国标准出版社，2016.

[10] 刘屏周. 工业与民用供配电设计手册[M]. 4版. 北京：中国电力出版社，2016.